慶應義塾大学教養研究センター
極東証券寄附講座

食べる

生命の教養学——12

赤江雄一［編］

慶應義塾大学出版会

はじめに

　ふだん私たちは「食べる」ことを巡ってなにを考えているだろうか。夕飯はなににしよう。どの店の、何が名物料理か。この食材は、どの季節が旬なのか。手軽で美味しいレシピはないか。カロリーや糖質はどうだろう。このところ肉料理に偏っていないか。高いか、安いか。そんなことを考えていることが多いだろう。この本の編者もそうだ。

　テレビでもインターネットでも雑誌でも、グルメ情報や健康にまつわる知識は溢れているし、もちろん人びとはそれらを知りたいと望んでいる。しかし、こうした情報にとりかこまれているがゆえに、かえって私たちはそれ以外の問いを「食べる」について考えていないところがある。

　「食べる」とはもちろん食物を口に入れ、嚙み、飲み込むという栄養摂取の行為である。しかし、この行為は生命を維持するのに不可欠なので、必然的に、生命の営みに幅広くかかわっている。あらためて「食べる」にまつわる問いを考えてみよう。

　食べるもの（たとえば魚、豚肉、お米、野菜）はどうやって確保され、保存され、加工されて、輸送され、調理されるか。たとえば、さまざまな魚の資源量が危ぶまれる今、どういう対策が世界では、そして日本ではおこなわれているのか。微生物の力をかりた発酵食品によって、私たちはどれほど支えられているか。

　過去と比べてどのような変化がおこっているのか。ワインはなぜ素焼きの壺ではなくて木の樽で保存されるようになったのか。

　ある社会では何がとくに美味しいとされているのか。沖縄では豚がどのように飼われ食されてきたのか。イタリアでパスタはどのように発展し、どこでどのように食べられてきたのか。食べたものが体にどのような影響をあたえると考えられていたのか。いまは医学的にはどう考えられているか。

これらの問いを具体的に考えはじめるだけで「食べる」ことがかかわる領域の広大さに圧倒されはじめはしないだろうか。

　本書は、2015年度極東証券寄附講座「生命の教養学」の講義録である。この講座は「生命とは何か、〈生きる〉とはどういうことなのか」という問いから始まる知的探究への誘いとして構想されている。この講座では、この大きな問いの探求にあたって、年度ごとにひとつのテーマを設定する。そして2015年度のテーマが「食べる」である[1]。

　この講座でいう「教養」とは、思考の材料を特定の学問領域に偏ることなく広く求め、さらに各領域の研究成果に充分な敬意を払い、そこから獲得された雑多な材料をもとに新たな知を組織化しようとする態度である。2015年度は「食べる」というテーマを巡って、いわゆる文系・理系といった偽の対立に惑わされず、幅広い学問領域から「教養」を涵養するための場を提供しようとしたのである。

　実際、2015年の4月から7月にかけての11回の講義と、各講義後の講師との濃密な質疑を通じて、90名以上の受講生は、別々のトピックを扱った複数の講義が網の目状に接続し、前述の意味における「教養」を各自が構築していく場に編者は居合わせることになった。その刺激的な場の一端をこの講義録は読者に伝えられるだろう。

　すべての講義は、「食べる」というテーマを巡りつつも独立したものである。したがって、興味を惹くどの講義からでも読みはじめていただきたい。しかし、複数の講義に共通するテーマも見い出されるだろう。以下のように5つのまとまりにグルーピングをすることで、全体を通したひとつの読みかたとして提示したい（以下敬称略；肩書きは講義時のもの）。

　島村　菜津（ノンフィクション作家）「『スローフード』運動とは何か」

---

[1]　2006年以来、本講座では「生命を見る・観る・診る」、「誕生と死」、「生き延び」、「ゆとり」、「異形」、「共生」、「成長」、「新生」、「性」という多様なテーマを扱ってきた。

山下　範久（立命館大学国際関係学部教授）「ワインにみるグローバリゼーション」

　この二講義は「食べる」におけるローカルなものとグローバリゼーションとの関係をめぐる一対の講義として読むことができる。たとえば、食のグローバリゼーションにたんに反対する運動だと見なされることもあるイタリア発のスローフード運動が、なぜ「スローフード」という、グローバリゼーションの権化として見なされる英語の名称を最初から冠して発想されたのか。そこからして、スローフード運動が、たんなる反グローバリゼーションを掲げているのではないことがわかる。スローフードというアイデアが世界に広まるのと、土地とその風土を深く反映するヨーロッパのワインが、世界中に広まっていく過程が重なって見えてくる。

　勝川　俊雄（東京海洋大学産学地域連携推進機構准教授）「魚はいつまで食べられる？」
　生源寺眞一（名古屋大学大学院生命農学研究科教授）「日本の食料と農業」

　この二講義は、異なる観点から、日本における食の持続性の可能性とその危機を問う講義として読むことができる。日本における水産資源管理について、あまりにも無関心かつ楽観的でありすぎてきたことに気づかされる。それとともに、農業において厳しいと同時に希望もある現状について認識を新たにさせられるだろう。

　池上　俊一（東京大学大学院総合文化研究科教授）「食から見るイタリア史」
　比嘉　理麻（沖縄国際大学総合文化学部講師）「食べられるブタ、嫌われるブタ、愛でられるブタ―沖縄のブタ食文化」
　山本　道子（村上開新堂代表取締役、料理研究家）「日本人の食べ方・味わい方から見る日本の文化」

　三つの講義によって、イタリア、沖縄、日本のそれぞれにおいて、パスタ、豚、お箸など食文化がどのようにかたちづくられてきたか、まったく異なるかたちで知ることになるだろう。

大道寺慶子（本学文学部非常勤講師）「東アジアの食餌―消化と健康」
　勝川　史憲（本学スポーツ医学研究センター教授）「生体のエネルギー出納バランスと体重コントロール」
　この二つの講義はいずれも、医学あるいは健康と「食べる」ことの関係を論じている。前者は中国と日本の医学史を扱い、後者は最新の医学的知見を提供しているので正反対に映るかもしれないが、人びとが健康を求めてどのように考えてきたのか、その努力の延長線上に現在における医学的認識もあることが見えてくる。それと同時に、過去の食と医のイメージがいまでも私たちのあいだに生きていることも知らされることになる。

　野口　和行（本学体育研究所准教授）「『食べる』を『体験する』」
　小泉　武夫（東京農業大学名誉教授）「発酵食品の神秘」
　最後の二講義は、体当たりで「食べる」を体験するときに見えてくる世界をあつかっている。自分で動物を解体して食べるということはどういうことか。世界中の発酵食品を食べ尽くしてきた方の語る「食べる」世界の未来とはどのようなものか。
　以上は、これらの講義の読みかたのひとつに過ぎない。「食べる」世界をこの講義録を通じて探検していただければ、編者としてはたいへん幸いである。
　お忙しいなか、講義録の作成にご協力いただいた講師の方々に感謝を申し上げる。また、この授業と本書の刊行のために寄附をされた極東証券株式会社に厚く御礼を申し上げる。また、2015年度の本授業の企画にかかわってくださった委員の方々と慶應義塾大学教養研究センターのスタッフに記して謝意を表したい。最後に、本書の編集にあたって慶應義塾大学出版会の佐藤聖氏にはたいへんお世話になった。深謝。

2017年6月

　　　　　　　　　　　　　　　　　　　　　　　　　赤江　雄一

極東証券寄附講座「生命の教養学」2015年度企画委員
　　　赤江　雄一（文学部准教授：委員長）
　　　山下　一夫（理工学部准教授）
　　　高桑　和巳（理工学部准教授）
　　　鈴木　晃仁（経済学部教授）
　　　小野　裕剛（法学部専任講師）
　　　小瀬村誠治（法学部教授）
　　　板垣　悦子（体育研究所准教授）
　　　吉川　智江（教養研究センター事務長）
　　　佐藤　　聖（慶應義塾大学出版会）

目 次

はじめに　　　　　　　　　　　　　　　赤江　雄一　　i

Ⅰ
「スローフード」運動とは何か　　　　　　島村　菜津　　3
ワインにみるグローバリゼーション　　　　山下　範久　　33

Ⅱ
魚はいつまで食べられる？　　　　　　　　勝川　俊雄　　65
日本の食料と農業　　　　　　　　　　　　生源寺眞一　　93

Ⅲ
食から見るイタリア史　　　　　　　　　　池上　俊一　　125
食べられるブタ、嫌われるブタ、愛でられるブタ
　沖縄のブタ食文化から考える　　　　　　比嘉　理麻　　145
日本人の食べ方・味わい方から見る日本の文化
　　　　　　　　　　　　　　　　　　　　山本　道子　　165

Ⅳ
東アジアの食餌　消化と健康　　　　　　　大道寺慶子　　187
生体のエネルギー出納バランスと体重コントロール
　　　　　　　　　　　　　　　　　　　　勝川　史憲　　217

Ⅴ
「食べる」を「体験する」　　　　　　　　野口　和行　　251
発酵食品の神秘　　　　　　　　　　　　　小泉　武夫　　275

I

「スローフード」運動とは何か

島村菜津

(しまむら　なつ)ノンフィクション作家。1963年生まれ。東京芸術大学美術学部卒業。著作に『スローフードな人生』(新潮文庫、2009年)、『スローシティ　世界の均質化と戦うイタリアの小さな町』(光文社新書、2013年)、『エクソシストとの対話』(講談社文庫、2012年)などがある。

　島村菜津です。

　15年前ほどから『スローフードな人生！』や『スローフードな日本！』(いずれも新潮文庫、2009年)といった本を書いて、日本にスローフード運動を紹介しはじめました。今日は、イタリアのスローフード運動についてお話しさせていただきたいと思います。

　スローフードの話をすると、学生のみなさんのなかには「なにか嫌だな」という気分になる人もいらっしゃることでしょう。私自身が学生時代にどんな食生活だったか、ここで告白してしまうと、たしかにかなりファストフードを食べていました。高校までは福岡の親元で、親がかりの生活をしていましたが、東京での大学時代には生活の基本もろくにできず、ちゃんとしたみそ汁すらつくれませんでした。当時の風潮もあってか、夜中に黄色と赤色のはためくファストフードの店を見たとき、ある種の解放感のようなものを感じていました。

　当時『ブレードランナー』という映画があり、とても流行しました。その原作を書いたフィリップ・K・ディックというSF作家が「現代の若者にとってのパンとブドウ酒はハンバーガーとコーラである」という

ようなことを書いていたのを読んで、かっこいいなと思いさえしていたのです。

　ですから「自分たちの経済状況でスローフードは厳しいのではないか」と思って構えてしまう方がいるかもしれませんが、今日の話を聞いて、そうでもないなと考え直していただけると嬉しいです。

１．イタリアではじまったスローフード運動とは

　「スローフード」という言葉ですが、これはイタリアでイタリア人がつくった言葉で、私の造語ではありません。どういう歴史的な背景があってこの運動がおこったのか、まず説明しようと思います。

　1986年、世界最大手のハンバーガーチェーンであるマクドナルドの店がローマにできました。これはイタリアでの第２号店でして、第１号店はドイツに近い北イタリアに出した店です。まずそこで様子を見て、これなら行けるぞと首都ローマに乗りこんだのです。ローマにマクドナルドができたとき、地元では大きな反対運動がおこりました。隣にあったブランド品の洋服を売るお店などは、においが移るから迷惑だといい、旧市街から出ていけ、若者が郷土料理を愛さなくなるからダメなど、真っ向から対立する意見があがり、当時は反対のデモもおこりました。

　スローフード協会をつくったメンバーが、そのマクドナルド反対運動をしていた中心的なメンバーかというと、そうではないのです。ローマの動きをちょっと斜めに見ていたワイン通たちが、「アメリカを主体とする、大量生産・大量流通という効率と利潤に偏ったフードシステムは、どのみち世界を覆いつくすだろう。だからせめて僕たちだけでも、そうではない世界を大事にしよう」ということではじめた動きです。

　それにはどんなネーミングがいいだろうと考えたときに、イタリア語では発音しにくい「スローフード」という英語の言葉に行きつきました。彼らはこれをイタリア語にはあえて翻訳しませんでした。それは世界に

ひろめたかったからです。20人ぐらいのグループのなかのひとりがこの言葉を思いついたところ、翌日みんながこの言葉をおもしろがって口にするので、これはいい言葉じゃないかということで、スローフード運動がはじまりました。1989年には公的にパリで運動について発表します。それが広く伝播して、いまではイタリア国内に２万人、世界に８万人近くの会員を有する運動にまで成長しました。

　スローフード運動とは「ファストフードよ、消えてなくなれ」という運動ではありません。たしかにファストフード撲滅運動は存在し、スターバックスやマクドナルドがよく襲撃されますが、スローフード運動はかかわっていません。スローフード運動の一番のキーワードは多様性。ですから、ファストフードも生きのこっていいのだというわけです。

　では、アンチ・グローバリズムなのでしょうか。これも違います。たとえば、スローフードがあっという間に世界中に広まったのは、ひとつのグローバリゼーションの現象だと言うことができます。グローバル化のなかの負の側面として世界に均質化を押しひろげることに抵抗している運動だと言えるかと思います。

　「ちょっと待って。均質化ってそんなに世界にひろがっているの？」とみなさんは思うかもしれません。私は2000年に『スローフードな人生！』を新潮社から出版しましたが、この本を書いているあいだも、私の住む練馬区石神井公園駅前にはチェーン店がどんどん増えていき、傘屋が消え、魚屋が消え、昔からあった製麺屋が消え、鶏専門店が消え、最後までのこったのは和菓子屋１軒で、チェーン店ばかりになってしまいました。これはわかりやすい卑近な例ですが、世界の均質化、食べ方の均質化、味の均質化が、町並みの均質化、学生の生活の均質化、恋愛の仕方の均質化にまで進んでしまうかもしれない。みなさんもそれは嫌でしょう？　それを訴えていくわかりやすいツールとして、真んなかに食があるということです。

図1　イタリアのピエモンテ州モンフェラートからの眺め

　忘れもしません。1995年頃、イタリアのスローフード運動のマニフェストを見て感動して、私はさっそく活動している人たちに会いに行きました。電話をして行く場所を聞くと、北イタリアのピエモンテ州にあるブラの町だといいます（図1）。それまで聞いたこともなく『地球の歩き方』にも載っていませんでした。ローカル線をひとつ、ふたつ乗り継いで、駅で降りると、キツツキが木をつつく音がしているし、イタリアではめずらしく当時は、駅前にバール（カフェ）がありませんでした。そこから、スローフード協会国際本部に歩いて行けました。お会いしたスローフード協会の副会長が、そのとき私に「スローという言葉を我々は関係性の問題にあてがう」と。それがよくわからないという顔を私がすると、さらに畳みかけるように、「よく考えてみなさい。あなたときょうだい、あなたと大事な友達、あなたと恋人、あなたとふるさと──そういうものの間にも食がある。つきつめれば、いまや破綻しそうになっている自然や地球の真んなかにも食がある。その関係性にスローという言葉をあてがいたいのだ」と言ったのですね。

私は彼の言葉を5年ほどかけてじっくりと消化し、私自身もスローフード運動をはじめることにしたのです。みなさん、そのことを頭に入れておいてください。後ほど現場の具体的な話をしながら、また説明したいと思います。
　そのときに3本の柱を聞きました。
　　①質のよいものを作ってくれる生産者を守る
　　②子供たちを含めた消費者の味の教育
　　③在来種や伝統漁法など希少な農水産物を守る
　質のよいものをつくってくれる生産者を守りましょうというと「上から目線」に聞こえるかもしれませんが、これは対価を払って、おいしく食べようということです。そういう人たちを大事にすることは、自分の健康を守ることでもあるし、子供たちに楽しい未来をつくることでもある。さらに、いまの大事な政策にもかかわってきて、日本の懐かしい風景や国土の安全保障にもつながってくる。たとえば、山に手が入らなくなると荒れて、大雨になればモヤシ林と呼ばれる杉山がなだれのように人家を襲うようなことにつながってくる。そういう意味で、いいものをつくってくれる生産者を守ることは、食べる側の一番大事な点であり、スローフード運動の一番大事な点です。
　ふたつめの、子供たちを含めた食べる側の味の教育ですが、自分たちの食べているものに、私たちは驚くほど無知です。駅前でチェーン店が何軒か並んでいて、どこかでさくっと食べましょうというときに、和食屋だったらすこしはスローかなと思い、実際に調べてみると、おそばの自給率は20％から30％です。ワカメでさえ同じ程度で、あとは中国などから輸入されています。お米はかろうじて国産かと思うと、カリフォルニアからも輸入されています。たとえば、おせんべいにしても、意外と輸入の米粉でつくられていたりしますね。ダイコンにしても、大根おろしは意外とベトナムや中国から来ていたりする。おしょうゆやおみそ汁

の大事な素材である大豆の自給率は5％程度で低迷しています。小麦はどうか。パンブームですが、12％程度で、いま、なんとか上げようとしているところです。

こうした現状なので、自分たちの懐かしい風景や守りたい自然、ふるさとといったものと、日々の食事がなかなかつながりにくいという現状があります。そのことを子供たちに教えながら、私たち自身ももうすこし深く知りましょうということだと思います。

最後が、在来種や伝統漁法といった希少なものを守りましょうということです。これは、多様性の保護という点から、今後、ますます要要になるでしょう。

2．急成長の背景──『スローフード宣言』

ではどうしてスローフード協会は、イタリアで2万人も会員ができ、世界では8万人にも増えて、150か国もの国の人々が活動にかかわるようになったのか。その急成長の背景をみなさんと考えてみましょう。

私はフォルコ・ポルティナーリさんを忘れてはいけないと思います。もう亡くなりましたけれども、ポルティナーリさんは詩人で哲学者のおじいさんです。小説『薔薇の名前』などで世界的に有名なウンベルト・エーコらといっしょに教えていた大学の先生です。もともとフランスの詩が専門ですが、彼が書いた『スローフード宣言』が世界中で翻訳されました。英語、ドイツ語、フランス語、スペイン語、日本語にも翻訳されて、1998年に、金で縁どられたカタツムリのマークをつけたマニフェストが配られました。その文章がなかなかユーモラスでよかったですね。私は、この文章がなければ、おそらくこの運動は育たなかったと思います。スローフード宣言（マニフェスト）は

　　我々の世紀は、工業文明の下に発達し、まず自動車を発明すること

で生活の形をつくってきました。我々みんながスピードに束縛され、我々の習慣を狂わせ、家庭のプライバシーまで侵害し、ファストフードを食することを強いるファストライフという共通のウイルスに感染しています。

という挑戦的な文章からはじまり、以下のように続きます。

　いまこそ、ホモ・サピエンスはこの滅亡の危機に向けて、突き進もうとするスピードから、自らを解放しなければなりません。我々のおだやかな喜びを守る唯一の道はこのファストライフという世界的な狂気に立ち向かうことです。効率と履き違える輩に対し、我々は感性の喜びとゆっくりといつまでも持続する楽しみを保証する適量のワクチンを推奨します。

そのワクチンは何かというと、スローフードの食卓だというわけです。
　これは左翼的な文章で、設立当初のメンバーはかなり左寄りの人たちですが、このユーモラスでありながら、しかしインパクトのある力強い文章の力を見逃せないと思います。
　残念なことに、20年後にこのマニュフェストは表に出なくなります。先ほど紹介した3本柱も「BUONO（おいしい）」、「PULITO（きれい）」、「GIUSTO（正しい）」というスローガンにかわってしまいました。これではちょっと弱い。しかも「GIUSTO（正しい）」という倫理観まででてきて、残念な「上から目線」になってしまっています。もし私がイタリアの会議にいたら大反対していたと思いますが、気もちはわからないでもありません。のちほど、なぜこういうスローガンになったかということも含めてお話します。

3．急成長の背景――具体的・経済的手腕

　もうひとつのポイントとしては経済的なあと押しがあります。ふたつの出版の成功です。
●『イタリアワインガイド』
　1冊は1987年に出した『イタリアのワイン』*Vini d'Italia*（スローフード協会のメンバーだったステファノ・ボニッリ創立の出版社、Gambero Rossoによるもの）です。

　この出版にはふたつのきっかけがありました。まず、1986年にイタリアで大きな食品スキャンダルがありました。イタリアで安いワインを大量生産するためにメタノールが混入され、23人が亡くなり、何百人もの人がいまだに視力の問題などで苦しんでいらっしゃるという事件です。この裁判は最近までやっていました。この大スキャンダルによって、大量生産のワインに対する不信感が募ったのです。やはりシステムがおかしいのではないか。ほころびているのではないか。安心安全って口だけじゃない？　という反省もあって、量から質への転向がおこります。

　もうひとつは富裕層のグルメに特化したガイドブックに対し、新たな基準を設定したことです。たとえば、ミシュラン・ガイドは、日本にも進出してきていますが、このミシュラン的な価値観でイタリアのレストランが評価され、レストランにフランス・ワインがたくさん置いてあることに対する不信感もありました。

　そうした背景から出版された『イタリアのワイン』ガイドのポイントは、イタリアの地方性を強く押し出したことです。たとえば、ブドウの植え替えは30年から40年ごとになされますが、そのときに在来種に戻したり、在来種を混ぜたりすることも促しました。なぜかというと、フランスがつくった4種類のブドウに世界中のワインがのみ込まれていてもいいのか。たる香をつければそれでいいのか、というわけです。イタリアには約450の在来種があるといわれています。公的に認められている

だけで300種類のブドウがありますから、植え替えの機会に、「土地の味を出そうよ」と、値段はものすごく高くはなくても、世界中でここでしかつくれないブランドづくりをめざしたのです。

　もうひとつのポイントは価格です。おいしいワイン、時間をかけたワインならいくら高くてもいいというのではなく、たとえば、日曜日に家族でお祝いしようというときに買える値段もひとつの評価基準として定めました。

　そうして出版された『イタリアのワイン』ガイドが流通の新しい流れをつくったのです。「イタリアはワインをこう解釈しているよ」という流れをつくり、新しい市場をつくりました。初版は5,000部と遠慮がちに出した本ですが、最終的には英語とドイツ語版が出て、総計10万部も売れた本になりました（スローフード協会の出版部　Slow Food Editore）。

● 『オステリア』ガイド

　もう１冊は、スローフード出版の『オステリア』ガイド *Osterie d'Italia* で、これは、さらに明確です。高過ぎる店はまず掲載しません。山海の珍味を入れて２万円もするなら、おいしいのは当たり前だからというのです。重視しているのが地方性です。地元の素材を使っているか。家庭的なサービスや素朴さを重視しているか。さらに適当なワインではなく、地元のいいワインを置いているかを審査しています。このガイドブックでは、その店で出されている伝統料理は赤文字で書かれています。

　そして価格です。おじいさんが息子たちにおいしいものを食べさせようと日曜日に来たときに出せる値段かということです。スローフード協会のメンバーには有名な高級レストランの人もいますが、そのお店は『オステリア』ガイドには載っていません。この『オステリア』ガイドは分厚い本で、800店舗程度紹介されており、私もイタリアの田舎をまわるときは必携しています。みなさん、これはおすすめです。

『オステリア』ガイドは毎年更新されて8万部ぐらい売れている、イタリアではベストセラーです。イタリアは中央集権ではないので、ミラノ州の人たちはミラノの新聞、ローマの人はローマの新聞しか基本読みません。その世界で8万部というのは大ベストセラーです（現在ではスマートフォンのアプリとしても入手可能です）。
　この2冊の本が成功したので、スローフード運動は調子づいたということがあります。

●食の見本市

　1996年からは隔年で「サローネ・デル・グスト」Salone del Gusto という見本市をはじめました。このリンゴット Lingotto という会場は、もともとはイタリアの大自動車メーカーであるフィアットの大工場だった場所を改装して見本市にしたのです。日本でいえば富岡製糸場にあたるようなイタリア近代産業化の聖地です。労働運動の核にもなった象徴的な場所でもあります。そこで隔年で、始めたのは、ただの見本市ではなく、ふつうの人が通常の流通では手にできないような地域の希少な食材も集まるようになり、私もはじめの5回ほど通いましたが、年々よくなっていきました。

　もちろんすべてがいいわけではなく、たとえば、フィアットのファストフード店が入り口にあったり、スポンサーの大手コーヒーメーカーの宣伝ブースなどもあります。しかし、そのお金を回して、いいものがたくさん入荷されていました。そのため、当初10万人ぐらいだった参加者が、2000年半ばからは31万人を超すようになり、イベントとして大きく成長しました。（2016年からは、広場や公園、大学などトリノの町中で開催）

　ただ、もし、みなさんがイタリアの地方の活性化としてのスローフード運動の一環をのぞいてみたいと思ったときには、この見本市はあまりお勧めしません。というのは晴海にあるビックサイトのような大会場で

すから。それよりも、イタリアの小さな町でやっているスロー祭りなどのほうが絶対にお勧めです。町中にいろいろな仕掛けをし、郷土料理を楽しめるお祭りや、生ハム祭りやチーズ祭りなどひとつの食文化に特化したお祭りを各地でたくさんやっています。そういうものを見に行けば、現場で頑張っている人の息吹が伝わると思うし、おいしいものがゆっくり食べられると思います。

●食のツアー

　成功したこれらの３つの象徴的な出版物とイベントがありましたが、それ以上に大きな新しい流れをつくったのは、歩いて回りながら食べるユニークな食のツアーです。

　私がおもしろかったのはブラの町での食ツアーです。入り口でたとえば2,000円程度の料金を払うと、ミシン目の入ったカードを渡されて、それを首からかけます。さらにもうひとつ、布製のワインポーターも首からかけます。渡された町の地図にしたがって町を歩いていくのですが、地元のワインをテイスティングできたり、地元のお菓子を食べられたり、前菜やパスタからデザートまでのフルコースを、町中を歩きながら楽しめる仕組みになっているのです。なにも派手なものはありません。町をスローなテンポで見直してくださいというツアーがひとつのスタイルとして確立し、世界中に広がって、それまで有名ではなかった町の経済を引き上げたのだと思います。

●食育

　スローフード運動が急成長したもうひとつの要因は、五感を刺激する食育です。食育は理詰めだとおもしろくありません。でも、イタリアの食育は、たとえばプロのテイスティングのノウハウを小学校のテイスティングに盛りこんだり、おばさんたちのツアーで、生ハムの６か月物、２年物、あるいは、よその大量生産の生ハムを食べ比べ、そこにプロのテイスティングの技術を取りこむようなことをしていました。日本では、

農家のおじさんが来て畑を少し見せて採れたものを味わったり、有名なシェフを雇って、その人と料理をつくって終わりだったりしがちですが、イタリアではそれで終わらないのです。たとえば、地元の詩人や美術の先生が来て、絵画と食の歴史、音楽と食の歴史、戦争とスパイスの関係などを説明し、それを聞いた高校生が後日すばらしい論文を書くようなこともおこっています。つまり、食の本質的なこと、食の文化としての側面を掘り下げて、楽しめる食育に広げています。これが日本には足りない。食育にしても日本では国が主導してしまうので、楽しくない。たとえば、一日に何種類の食品を食べましょうと言われて楽しいですか。楽しくないですよね？

4．急成長の背景──社会的・組織的背景

　意外と見落とされていますが、スローフード運動の母体となった組織にイタリア余暇・文化協会 ARCI（Associazione Ricreativa Culturale Italiana）があります。アルチ ARCI という組織のはじまりは反ナチズム運動です。ファシズムに席巻されたイタリアでは、トスカーナやウンブリアといった中央部では、向かいの人同士が血で血を洗う悲しい歴史がありました。顔も知った人に密告され、収容所に連行されることがありましたし、普通の農家だった人がパルチザン（他国、この場合はナチス・ドイツの占領支配に抵抗するために結成された非正規軍）の英雄として名を残したことも、逆にありました。また、あのような狂気が国を覆わないようにと、1959年、反ファシズムの文化組織が生まれ、いまではメンバーが111万人もいて、サークルが5,000近くあります。

　この ARCI が女性の問題や移民のケアに頑張って取りくんでいます。東欧やアフリカから多くの移民がイタリアに渡ってきて、最近も地中海で船が転覆し、亡くなった方がいましたが、ドイツなどのような移民が襲われるような物騒な事件はイタリアでは今のところおこっていません。

移民の子どもたちのために放課後学校を運営したり、老人問題について活動したり、あるいは刑務所に入っていた人の社会化の問題も手がけたりしています。ARCIが運営しているカフェのなかには、刑務所から出所したばかりの人でも通えるようなカフェもあります。

ARCIはそういう社会性の高い活動を展開している組織です。そしてこのARCIを母体として、そこで活動していた人たちのなかで食文化にこだわるメンバーがつくったのがスローフード運動です。ですからスローフード運動はゼロから急速に育ったのではなく、それを支える母体があり、それはそもそも社会性が高かったことを覚えておいてください。

また、EUの多様性を重視する農業振興政策という要因もあります。これにはさまざまなものがあります。みなさんがよくご存じなのは、生産者の経済と原産地の価値を守ろうという「原産地呼称制度」でしょう（イタリア語ではDOP（Denominazione di Origine Protetta））。たとえば「シャンパン」は日本ではつくれません。これは「シャンパン」だと言った途端にEUからクレームが入ります。「原産地呼称制度」によって、シャンパンは、シャンパーニュ地方でつくられたものでないかぎりはシャンパンと呼ぶことができないとされたからです。そういうふうに原産地のブランドと経済を守ろうという厳しい法的規制が、EUのみならず、イタリア国内でも、1990年代から力を入れて進みはじめました。

さらにもうひとつ、国際連合世界食糧農業機構FAO（Food and Agriculture Organization）がローマにあり、約600人が働いています。彼らは1970年代に、世界の飢餓を救うためには、今後多様性を守らなければいけない、効率のよい生産だけではたぶん無理であろうという結論をだしました。この結論がスローフード協会にもさまざまな影響を与えています。

こうしたことが、スローフード運動にとって追い風となった社会的・組織的な要因だと考えられます。

5．希少な地域食材の価値化

　スローフード協会国際本部のあるブラの町はアルプスのふもと、ピエモンテ州にあり、まわりをアルプスの白い山々に囲まれた山間地です。もともとはなめし革で一世を風靡したのですが、それが環境を破壊することもあって廃れてしまいました。残っていたワイン産業は、大量生産の流れのなかで買いたたかれ、地元の経済にそれほど寄与できない状況にありましたが、そこに量から質の変革がおこったのです。このピエモンテ州に限らず、イタリアのワインになんとか価値付けしたいとワイン好きのメンバーが中心になり、スローフード協会が設立されました。また、ブラという田舎町に国際本部があるのは、会長のカルロ・ペトリーニさんの出身地ということもあります。彼もARCIの食文化を考える人のメンバーとしてやってきた人で、エネルギッシュにいろいろなことを束ねてきました。

　図2はスローフード協会が出している『オステリア』ガイドのステッカーの貼られた店です。かたつむりマークなので、すぐわかります。このガイドには800店ほど載っています。イタリアの田舎に行った時に『オステリア』ガイドを持ち歩かなくても、このマークが貼ってあるお店なら、素材がよく、値段も高すぎない、ワインも危ないものは置かない、などさまざまな点で信用できます。これがイタリアの田舎を巡るときにひとつの基準になります。このガイドは地方の経済を伸ばし、新しい食の概念をつくり出しました。いままでは「3代鍛えて磨いた舌」が食のグルメの世界を席巻していたかもしれませんが、「いや、待って。みんなおいしいものを食べたい」「親は味おんちだったけれど、私もおいしいものを食べたい」という人だって、みんな参画できる、堅実な美食の世界を創ったとも言えます。

●各地の食のお祭り

　ヴェネツィアの北方にある、サンダニエーレという山の小都市では生

図2　オステリアガイドのかたつむりのステッカーが貼られた店

ハム大会が行われています。私が20年ほど前に行ったときには工場も見られなかったのですが、いまでは、生ハムを扱っているバールだけでも90軒はあります。雰囲気がすっかり変わってしまいました。この生ハム祭りは、町中で生ハムを3日間味わえるお祭りで、年に2回開催されており、北イタリアやドイツ、オーストラリアの人に大人気です。これはスローフードの地方のお祭りとしては規模が大きいものです。それまでは、イタリア人でも生ハムがどうやってつくられているのか、どれだけ手間のかかる発酵食品なのかを知りませんでした。さらに生ハムの素材があやしいなどと言われたこともあったので、食品履歴の追跡可能性（トレーサビリティ）がしっかり確保されていることを示すためにも、食のツアーが貢献しています。しかも、このお祭りではバレンタインデーのチョコ売り場のように、ものすごく売れるのです。

　こういうお祭りを各地でやっているので、自分の好きな食材で探してみるのもお勧めです。中山間地の古代ローマ時代の落ち武者の村クティリアーノでは「ナターレ・スロー（スローなクリスマス）」など季節ご

との小さなお祭りが行われています。村名のクティリアーノは、トスカーナのキケロに反発され、この村に落ちのびて死んだといわれている武将の名から取ったものだそうです。8割が山なので、夏は避暑に人々が訪れるのですが、季節外れに人を呼ぼうと、町中歩いておいしいものを味わえるツアーをはじめました。小さな規模ですが、地元の売店などが協力しています。有名なジビエ料理の店もあります。こういうお祭りに行くと、このスローフード運動が生み出したものを実感できます。けっして有名ではないし、世界中から人が集まるものでもありませんが、地元の経済に貢献し始めています。

　オルヴィエートの同様のお祭りでは、古代ローマ時代にさかのぼる地下の洞窟でオリーブオイルのテイスティングをしたこともあります。これで思うのは、ユーモアのセンスが大事だということ。ともすれば、環境運動に携わる人にはユーモアのセンスが足りないことがあります。なんだか上から目線に感じるのはそこかなと、偏見ですが思います。こうしたお祭りでは、ちょっとふざけた、ウィットの利いた企画をたくさんやっています。たとえば、オルヴィエートの地下の歴史巡りと、おいしいものやまじめなテイスティングなど、いままで組み合わせなかったものを組み合わせることで、町の新しいイメージをつくっていくこともできるわけです。

●在来種トマト

　次に紹介したいのは在来種の世界。たとえばこのトマトです（図3）。私もスローフード運動にかかわらなければおそらく一生見ることがなかったと思いますが、ヴェスヴィオ山のふもとでは、その火山灰土でピエンノロというプチトマトをつくっています。これはこの土地在来のトマトです。イタリアだったらトマトソースを出しておけば、すぐにスローフードのイメージになると思っているテレビの人が多いのですが、大間違いです。イタリアでもトマトの99％は大手種苗会社のF1種で、これ

図3　在来トマト「ピエンノロ」

はたとえば収量が高く、皮も厚くて流通に向くといった利点を持つ改良種ですが、種とりは難しく、毎年、買わなければなりません。一方、在来種のトマトは片手で数えられるほどしか残っていません。このヴェスヴィオ山のトマトはその1つであり、貴重な在来種のトマトです。収穫すると、庭先で束ね、ひと月ぐらい置いておきます。保存のための技術を残しているという側面もありますが、半生状態になると、糖度がとても上がって、真っ赤になっておいしい。いわゆる品種改良のトマトと違うので、まだ青いのも、黄色いのもありばらばらです。手摘みなので収穫が大変ですが、この乾いた大地で根を伸ばして、ミネラルもたくさん含んでいるもので、酸味も上品でおいしいのです。

　収穫したトマトを、農家のおばさんが家の裏でお父さんと夫婦漫才をやりながら束ねます。このひと手間にきちんと価値を見いだす消費者（食べ手）が増えないと、この文化は消えます。わたしがはじめてこの地を訪れたとき、地元の男の子が一緒に歩いてくれ、トマト農家を何軒も見せてくれました。このときには60軒ほどあったものが、いまは100

軒以上に増えて、地元の地域経済を生みはじめています。

　EUは、多様性を守るための「原産地呼称制度」をつくりました。そして、それと並行して、イタリア政府も、IGT（Indicazione Geografica Tipica）のような地方独自のワインを保護し認証するワインの銘柄分類をつくりました。それでも認証をもらうための資金がなかったり、生産者が少なすぎて、数がまとまらなかったりした地域食材はたくさんあります。そこで、スローフード協会ではそういう希少な地域食材を187項目リストアップして、「プレシディア」（Presidia）と名づけて認定しました。さらにきめ細かな地域経済の援助に踏み込んだのです。このリストの背後には、『味の箱舟』アルカと呼ばれるいわばウェイティングリストも、その倍以上、控えています。実際には地元の人たちが頑張っているのですが……。

　ここで重要なことは、先ほどの見本市もそうですが、地方で食の展示会や市場をたくさん開いたときに、生産の現場で頑張っている人に来てもらうようにスローフード協会がしたことです。たとえば農家や地元のシェフ、農学者に来てもらい、都会の消費者に畳み掛けるように説明をしてもらうと、思わず買ってしまいますね。そういうことが大事だと思います。

●レモンの在来種

　先ほどトマトの在来種を紹介しましたが、レモンにも在来種があります（図4）。イタリアではたくさんの品種のレモンをつくっていて、普通の農家でも4種類から5種類つくっていますが、在来種はごく一部で、残りはすべて改良種です。おっぱい型のびゅんととがっている在来種のレモンが、先ほど触れたプレシディアに入った理由は、その生産地です。この在来種のレモンは、街を見下ろす急斜面の段畑でつくられています。アマルフィ海岸やアルプス地方でつくられているブドウもそうですし、スイスやポルトガルのポルト・ワインの現場も急な斜面の段畑でした。

図 4　アマルフィの在来レモン

　こうした産地では生産効率が悪いために、農家がどんどんいなくなります。アマルフィは、自然の要塞のようなところによくぞ住んでくれたということで、この景観が1997年に世界遺産に指定されましたが、政治家がお忍びで来るような1泊10万円のホテルから私が泊まるような宿までいろいろできて観光産業が栄えています。しかし、地元の人たちも、段畑を守るためにも、人の手が入り続けるよう協力しなければ、そう遠くない将来、土壌流出で観光資源の町並みさえ壊れかねない状況になっています。
　つまり50年後、100年後のことを考えているのかということです。アマルフィではその問題提起を2000年頃に行い、ようやく地元の在来種レモンを中心に、いままで出会わなかった人たちがまとまり、新しい経済をつくりはじめました。
　これを守るために、「リモンチェッロ」というレモン・リキュールの加工品をつくっています。日本ではやりの言葉で言うと、農水省がいま一生懸命な「6次化」です。6次化とは、農畜産物や水産物の生産（第

一次産業）に携わる人たちが、食品加工（第二次産業）、流通および販売（第三次産業）にも直接かかわっている経営形態を意味する、農業経済学者の今村奈良臣による造語で、「6次」とは第一次産業の1と第二次産業の2、第三次産業の3を足すと6になることに由来します。加工品をつくって、地元にお金が入るようにしようと「リモンチェッロ」をつくって売るなどさまざまなことをしています。ここで大切なことは、「スペイン産の方が安いから、そっちでいいじゃない」「うちのレストランも大変なのよ。原価を下げないとやっていけない」ことで、より安いスペイン産のレモンを使っていれば、50年後の地元の子供たちの経済は保障できませんよ、ということをみんなが考えはじめたことです。

●地域経済を守る

　日本で消費されるニンニクの生産は、ほとんど中国に依存しています。これは日本だけではありません。安くて大きな中国産のニンニクは、イタリアのニンニクをも脅かしています。スローフードでプレシディアに入っているニンニクは、地元の在来種です。シチリアなど山間地で生産されるニンニクの価格は、中国産に比べると2倍はします。2倍も高いニンニクをなぜ買うのか。パスタを食べる回数を減らしてでも、なぜ買うのかということだと思います。

　スローフード協会が2000年から意識しはじめたのはこのことです。言葉を換えると、急ぎ過ぎる大量生産・大量流通とは、市場経済であり市場原理です。いまの日本のテレビを見ていても、市場原理を疑うような発言はほとんど聞かれませんが、長期的に見たときに、この市場原理が地域に痛々しい影響を与えることがありうるということが見えてきました。このことがスローフード運動の本質であり、今後は一番重要な鍵になっていくと、私は思っています。つまり、みんなが子育てするときに、豊かで楽しい日本にしていくには、地域経済を守ることがすごく大事だということです。育て、子供たちの代にも残していく。

そのために消費者も、どういうセンスを持てばいいかということが課題になってくるのです。

●規制される発酵食品

　私は、ミケランジェロも通ったというトスカーナにある大理石の石切り場、カッラーラを訪れたことがあります。遠くから見ると、雪山みたいできれいだと私が言うと、地元のおじさんに「君にはこれがきれいなのか。自然を収奪する姿が美しいというのか」とずいぶん怒られました。

　ここには、もともと石切り場の労働者たちが食べる貧しい素朴な料理「ラルド」があります。「ラルド」とは石切り場の大理石の容器のなかに塩漬けしたブタの背脂です。外食産業ではラードを使います。カッラーラの人口200人のコロンナータという村では、ブタの脂にシナモンやローズマリー、ニンニクなどいろいろなスパイスを入れて塩漬けにしたラルドを、十数軒で自給的につくっていました。この価値を高めようと彼らは頑張りました。

　後ほどお話ししますけれども、世界で均質化を広げるものとして大量生産・大量流通を考えてみましょう。そういう食品の多くは海を渡ります。たとえば、日本からかつお節やお味噌などの発酵食品が海を渡って、万が一海外でそれを食べた子供が3日間食中毒で寝込んだら、その貿易はもう一瞬にして吹き飛びます。つまり海を世界中の食材が渡る現在においては、そういうことがいっさいないような処置があらかじめなされています。腐らない、発酵が進まない、雑菌が入らないよう処置が施されている。一匹でも虫が発見された食品は、防毒マスクの作業員によって殺虫剤がたかれます。それが普通になってきたのはこの40年です。

　千年以上も続いている地元の知恵が生んだ発酵食品ラルドにしても、そんな不衛生なものは売ってはいけないとなります。EUでさえ、そうです。EUは狂牛病で苦しんだ経験がありますから、1990年代をこえてからは衛生法の縛りが厳しくなりました。その結果、木製の道具を使う

ようなデリケートなチーズや、山小屋でおじいさんとおばあさんがつくっているような素朴なチーズを含めて、イタリアのチーズ150種が消えたといわれています。45種類ぐらいのチーズについては、どぶろく特区のようなものをつくってなんとか守ったのです。

●スローフィッシュ

　スローフード協会ではいろいろなイベントを開催していますが、2004年から新たにはじまったのが「スローフィッシュ」です。これは持続可能な魚と養殖を考えるもので、隔年でジェノヴァで開かれています。海の時間は私たちには見えにくいですね。養殖にしてもピンからキリまであることは見えないし、現場に行かないとほとんどわかりません。

　そのなかで、ノルウェーやカナダ、チリなどから6倍速で育つサーモンが日本にも入ってきています。その一方で、小泉武夫先生がお詳しいのですが、北海道産のおいしいサーモンは缶詰になって、中国の富裕層に売られています。アイルランドでも、川に上がってくる天然のサーモンを使って、それはおいしいスモークサーモンをつくっています。ですから、同じサーモンでもずいぶん違うのです。

　持続可能な養殖を考えるなかで出会ったのが、オルベテッロという小さな港町のトスカーナの南の漁協です。きれいな潟があって、そこで取れたボラが主力商品でした。ところが赤潮が出て、ボラが取れなくなってしまいました。漁師は仕事をできなくて困っていたのですが、カラスミを自分たちでつくりはじめるのです。それまではたんなる原料の原産地として、ボラをサルデーニャなどの加工業者にに売っていただけだったのですが、オルベテッロ漁協がみずから加工品をつくることにしたのです。半生タイプのボラのカラスミは、とてもおいしいのです。

　その際に彼らがもうひとつ工夫したのは、漁協の倉庫を改装してレストランをつくったことです。すると、それまでほとんど親戚しか来なかったところに世界から大勢の人が来るようになって潤いました。そのお

かげでチリのロビンソンクルーソー島の漁師たちに援助をしたり、自分たちも出かけていって交流をはじめ、イタリアの海の6次産業化では最高の成功例といわれています。こうしたことがイタリア中ではやっていて、漁協のおしゃれなレストランが結構できています。日本の漁協はまだまだですが、やっと三崎や佐世保の漁協あたりからおもしろいことがはじまりそうです。

6．2000年以降の国際的発展の特徴

　2000年を機にスローフード協会は一皮むけました。これは明らかに前述の国際連合世界食糧農業機構FAOのメンバーや南半球の人たちとの出会いが大きかったと私は思います。2000年からはじまった新しい動きは2002年に具体化しはじめました。「テッラ・マードレ（母なる大地）」というイベントが隔年開催でスタートしたのです。初回には相当のお金を使って、世界中から150か所ぐらいの食のコミュニティーの代表たちを招待しました。テーマが非常に明確だったことや、FAOが後押ししたということもあって、EUの補助金が上手に取れました。

　私もこの現場でさまざまな人に会いました。たとえばアメリカの先住民で、ウィノナ・ラデュークという女性。会場の6割が白人の会場で、先住民の血も混ざっている彼女が講演をしたのですが、「コロンブスは我々の大陸に来て、間違ったものを探しました。奴隷、金。しかし人類への偉大な貢献はアメリカの食文化でした。」からはじまって、「我々、先住民はファストフードによって死に瀕しています」とまるでけんかを売っているような講演でしたが、力強く最高でした。

　あるいはインドのヴァンダナ・シヴァという環境運動活動家や、『マクドナルド化する社会』などを書いた社会学者のジョージ・リッツア、『ファーストフードが世界を食いつくす』を書いたエリック・シュローサーなどにもこの現場で会うことができました。

そのうちのひとりに、ドンナ・セバスチアーナというメキシコのタバスコ地方でチョコレートをつくっている人がいました。バナナ、チョコレート、コーヒーは植民地産業である、そして植民地時代の悪しき風習や流通の仕組みが残っているので生産地が買いたたかれると、よくいわれています。でも私は現場を見なければ信用しないタイプなので、こうした意見を斜めに見ていました。
　現場でチョコレートをつくっていた彼女は、青いうちに摘みたくないのに、急がされて、摘まされる。しかも、農薬をかけたくないのにかけさせられるから、孫が皮膚病になる。収入が少ないから、息子たちは都会に出ていって、犯罪に巻き込まれる。チョコレートを育てながら、ちっとも楽しくない、納得いかないと、彼女は思ったわけです。そこで、自分たちでカカオバターを抜かないチョコレートをつくって、試しに空港で売ってみたところ、いつも仲買いが払う価格の60倍で売れたそうです。彼女は「おや？」と不思議に思ったらしい。フェアトレードという言葉があるけれど、「ああ、なるほど。これはフェアじゃなかったんだな」と彼女は悟り、活動をはじめました。いまでは1,000人近い女性を中心にしたチョコレートの組合をつくって、オーガニックなチョコレートを海外でも売りはじめています。
　私も現地に行ってみたのですが、ちょうど洪水で奥に入れなかったので、現場ではまだ会えていません。でも、彼女は会場でカカオバターを抜かないチョコレートをくれました。これは口に入れても、なかなか溶けません。でも、香りがすごい。かばんのなかにひと粒入れておくと、翌日かばんのなかがチョコレートの香ばしい香りでいっぱいになっていました。
　じつはいま、カカオの生産量に対して、チョコレートが多すぎるのです。組み換えの大豆を混ぜてつくられているチョコレートばかりだからです。

図5　ペルーのイモの選別

　図5は、種イモの選別をしているペルーのアンデス山間地の村の女性たちです。ここには国際機関のイモ類研究所があり、6,000種類ほどのイモがあるとしています。日本でも私がスローフードの本を書いた2000年ごろは、スーパーでは、男爵イモとメークインしかなかったのに、しばらくしてからキタアカリが出てきました。最近ではようやく日本でも多様性に力を入れるようになったので、インカのめざめなどいろいろな品種のイモが出てきています。北海道の『村上農場』なども27種類のイモをつくっています。
　なぜ多様性が大事なのでしょうか。よく出される例ですが、アイルランドで主食の8割をイモに頼っていたときに、イモの種類はほぼ2種類しかありませんでした。この2種類のイモに病気が出たときに、その影響で250万人の人が餓死したのです。アメリカのトウモロコシが旱魃にやられた時もそうでした。そしてそのときに解決策となったのが多様性

の残る原産地から見つけ出された病気や天災に強い品種でした。ですから多様性ということが食のひとつの安全保障なのです。

　では、アルパカしか歩いてないような海抜3,500メートルを超える山の急斜面で、なぜペルーの女性たちは子供を連れて黒い在来種のイモを育てているのか。この在来種のイモは食べられないほどえぐい。それなのになぜ育てているのか。私も現場に立ってもしばらくはよくわかりませんでした。

　そのうちわかったのは、これは千年の知恵だということです。よく研究者が例にだすのはチューニョという干しイモです。3,000メートルを超えるところでつくられる干しイモですが、この黒くてえぐいイモも、それとはまた別のトゥンタという干し芋になります。干せば、3、4年間は平気で保存できる。つまり食べ物がほとんどなくなったときの保存食なのです。多様性がひとつの安全保障であることがとてもわかりやすい例だと思います。

　ペルーなんて遠い国のことだと思いがちですが、わたしたちの足元の暮らしとつながっています。日本のエビ天といえば和食の代表のひとつだといわれますが、エビの9割以上は輸入品です。北海道のシマエビや瀬戸内海のサクラエビ、石川県の白エビなどは貴重なものなので値段は高いのですが、一年に一度ぐらいはぜひ味わってほしいと思います。

　そう考えると世界中と日々の暮らしが、食を通じてつながっていることがわかります。たとえば、エクアドルのグアヤキルの周辺では、頻繁に洪水で村が流されます（図6）。その原因をよく考えていくと、天然の防波堤としてあったマングローブの9割をつぶして、主に北米向けにエビ池をつくってしまったのが水害の原因になっていることがわかりました。東南アジアやインドの沿岸部でも同じようなことが起こっています。こちらは日本人の胃袋に直結していますから、日本のNPOなども、一生懸命に植林しています。

図6　エクアドルのエビ池

7．私の考えるスローフードの哲学とは

　グローバル化する社会のなかで、私たちは自分が住む町をどういう町にしていくか、どういう家族のあり方が楽しいのか、あるいは老後の町はどうあれば幸せだろうか—そういうことを含めて考えるうえで「食」は大事な鍵だと思います（図7）。私と家族・友達・恋人の間にも食があります。地元の商店街、あるいは散歩して楽しい町になってほしい地域社会と私の間にも食があります。そして国内だけでなく外国の産地も含めた、生産者・農山漁村。さらに突きつめれば、故郷・景観・自然という環境と私の間にもやっぱり食があります。先ほどお話ししたチョコレートやコーヒーなど、一生行かないかもしれない遠い国の経済や、その国の女の子が小学校に行けるかどうかにまで、私たちの日常の食はつながっているのです。

　これは大きな暴力を引き起こしもするし、逆にものすごく楽しい環境がつくれる可能性でもあります。だから面白いし、経済や環境問題、あるいは法規制の問題などが絡んでくる、のっぴきならない問題でもある。

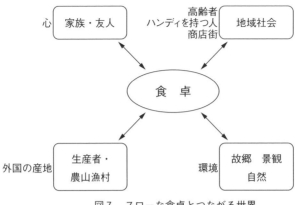

図7　スローな食卓とつながる世界

　だからこそ、食の専門家だけの話にしてはいけないのです。スローフード運動の初期に、副会長だったジャコモ・モヨーリが一生懸命に言っていたのは、「お皿の外を知る人になろう」ということです。これは、いま私が言ったことを言い換えた言葉ですね。

　2000年になって食の南北問題が言及されはじめたとき、国際連合世界食糧農業機構FAOの人にインタビューしました。彼は「20世紀以降、ヨーロッパで75％の農産物が消えた。アメリカではそれがおそらく90％以上といわれている。ヨーロッパの多様性を見ると、おそらくその半分ぐらいはイタリアの小さな半島にある」ということです。イタリアに多様性が残っている点は日本に似ています。

　さらに食の南北問題でいうと、世界では8億人が飢えています。ところが17億人は肥満で、やせたくて困っている。アメリカのまねをしてダイエットが大ブームです。これはすごく奇妙です。

　データの扱いには注意が必要ですが、たとえば、北半球の先進国のコンビニで時間切れになったお弁当など、日本の巨大なフードシステムのなかで捨てられるものを半分にすれば、南半球の飢えは解消できるとい

うデータがあります。捨てられるものといっても、家庭のものは少なくて、工場のものが圧倒的です。こういうデータはいったい誰が測るのだろうかと思いますが、一理あります。実際にいろいろな国に行ってみると、実感として伝わってきます。そういう食の南北問題も含めて、新しいテーマを私たちは抱えていることを忘れないでください。

8．日本の現状

最後に、日本の現状です。

「和食」が世界遺産になりましたが、料理学校でイタリア料理のシェフやパティシエ志望者は多いものの、和食を専攻する人が少ないそうです。ですから、和食業界は危機感を感じていて、その焦りもあって、世界遺産にしてもらったと言われています。

ところが、和食の根本にある、大豆など素材の自給率は低迷する一方です。さらに、環太平洋パートナーシップ TPP（Trans-Pacific Partnership）の問題もあります。たとえば、日本にナチュラルチーズの生産者は200軒ほどあり、フランスと交流しながら20年かけて発展してきたのですが、オーストラリアの悪くはないチーズが安く輸入されてきたらこれがすべて吹きとばされかねません。コメ農家やサトウキビ生産者も深刻です。価格競争が生産地に痛々しいダメージを与えていることも忘れないでください。

静岡茶が1990年代から言いつづけてきた「原産地呼称制度」があります。ヨーロッパのようにこの制度をつくって「産地を守ってくれ」と言ってきたのです。たとえば「宇治茶」とうたいながら、静岡や福岡の八女、三重の伊勢などのお茶を使った加工品も少なくないからです。それに、外国のお茶を使った加工品はもっと多い。ようやく今年から「地理的表示保護制度」（GI制度）がはじまり、すこしは多様性も認め産地の経済を守る傾向になってきました。日本の農政改革は、これまで大規模

化ばかりで、山間地や小農家を見捨ててきたのですが、最近多様性を若干考慮するようになってきたのが現状です。

　ですから、若いみなさんには、自分の日々の生活からできることをやっていただきたいと思います。くれぐれも時折、目にするテレビの経済学者や企業家のように、自分の孫の将来と自分のビジネスがつながっていないような、ちぐはぐなことだけはしないでください。

　いま、ファストとスローで日本の食生活を見た場合、おそらく大切なのは、大部分を占めるグレーゾーンだと思います。私はこれまで、商業主義や、ファスト化を進めようとする大手メーカーの人たちを斜めに見ていました。しかし、2002年ぐらいを越えた頃、ある企業の若手グループに呼ばれて話をし、意識を改めました。たとえば、ビールは自給率6％しかなく、工場に見学に行っても、ビールが見えないぐらいの速度で機械を流れていく非常に生産効率の高い世界です。その中で、あるビール会社の30代の男性が「ベビーフードはアメリカの大手が日本でも独占状態だから、僕は国産の材料だけで質のいいものをつくりたいんです」と言ったのです。そういう世代が出てきてグレーゾーンをじわじわスローフードに変えていくのかと思うと、これからが楽しみになってきました。

ワインにみるグローバリゼーション

山下範久

(やました　のりひさ) 立命館大学国際関係学部教授。1971年生まれ。東京大学大学院総合文化研究科博士課程。専門は、歴史社会学、比較文明学。著作に『世界システム論で読む日本』(講談社選書メチエ、2003年)、『ワインで考えるグローバリゼーション』(NTT出版、2009年) などがある。

山下範久です。

「食べる」がテーマですが、今日の私の講義は「ワインにみるグローバリゼーション」ということで、どちらかといえば「飲む」お話です。しかもみなさんのなかで20歳以下の人はまだ飲んだことがないはずのお酒についての話です。ただ、ワインを飲んだことがなくても、ワインを見たことぐらいはあるでしょうし、ワインのイメージはあると思います。前提としては、それで十分です。

今日は、みなさんがワインについて持っているイメージのうち、どのぐらいがリアルなもので、どこから先はもう少しクールに見てもらった方がいいのかについても触れながらお話ししていきたいと思います。

1．はじめに

私はお酒学者ではなく、歴史社会学者です。今日のタイトルにある「グローバリゼーション」という言葉は、最近、教科書でも新聞でもよく目にしますが、グローバリゼーションを見たことがある人はいないでしょう？「旅行したときにグローバリゼーションを見てきました」と

いう人はいませんよね。グローバリゼーションは社会現象であって、モノではないからです。ですから、なにかを通してしか、グローバリゼーションを見たり観察したり分析したりすることはできません。そのためにはいろいろな方法があるのですが、ある特定のモノに注目して、グローバリゼーションをはじめとする大規模な社会現象を観察することはひとつのポピュラーなアプローチです。

　今日の話は大きく3つのブロックに分かれます。

　まず「ワインの旧世界と新世界」です。旧世界、新世界という言葉は歴史のなかに出てくる、よく知られた言葉です。しかし、ワインの世界ではこの「旧世界と新世界」という言葉を少々独特な使い方で使っています。ワインがヨーロッパ文明によってつくられ、あるいはヨーロッパ文明によって現在の形になった、ヨーロッパ人がそういうものとしてつくってきたことを最初に説明したいと思います。

　2つ目のブロックでは、「二極化するワイン」についてお話しします。比較的新しく、ここ40-50年間の世界の変化です。世界経済の変化と、それに伴うライフスタイルや消費行動といった私たちの社会の変化をワインを通して見ていこうと思います。

　3つ目のブロックは、ワインの新しい新世界と閉じるワインの世界です。これは過去の話ではなく、いま現在、そして将来についてのお話です。私は予言者でも占い師でもないので、これから世界はこうなると断定的なことは言えませんが、ここ5-6年ぐらいのワインの変化を見ると、ひょっとするとワインの世界はこうなるかもしれない、さらにもう少し想像力を広げると、世界はこうなっていきそうだということをお話ししたいと思っています。

2．日本人とワイン

　1970年から2012年までの日本におけるワインの消費数量の推移を見る

と、この国は何度かのワインブームを経験していることがわかります。私は、自分の経験としては、第1次ブーム（1972年）、第2次ブーム（1978年）は知りませんし、第3次（1981年）の頃でもまだ小学生なので知りません。1987年から1990年ぐらいにかけての第4次ブームについては、少なくともブームがあったことは覚えています。私が大学に入学した1990年はボジョレーヌーボーが日本に入ってきた時期です。

　日本では、このボジョレーヌーボーを飲むことが年中行事のようになりました。ボジョレーヌーボーは11月の第3木曜日が解禁日で、セレブレーションが行われます。日本では11月には七五三ぐらいしか年中行事がない。ですから、ボジョレーヌーボーの解禁というイベントは日本の年中行事のなかのニッチに入りやすかったということもあるでしょう。

　日本人が1年間にワインを飲む量はざっと平均3本ぐらいです。もちろんたくさん飲む人がいますから、普通の人は、年間2本飲むか飲まないかです。そしてその2回のうち1回がボジョレーヌーボーで、もう1回がクリスマスという感じです。

　ボジョレーヌーボーが起こした第4次ブームの後に第5次ブーム（1994年）が来ます。第5次ブームではスーパーなどで500円程度で買える安いワインが出てきて、そういうカジュアルなワインがブームをけん引しました。いまでは500円どころか、もっと安いワインも売っています。私も料理用に時々買いますが、こうしたワインが出てきたのは1990年代半ば頃のことです。1980年代くらいまで、ワインは基本的にデパートに買いに行くもので、どんなに安くても5,000円程度は払わないと買えないものでした。それが、スーパーで500円で買えるようになった。コンビニでワインが買えるようになってきたのもこの頃からです。

　その後、1997年からのブームは、みなさんも何となく覚えがあるのではないでしょうか。赤ワインが健康にいいという説がメディアでよくとりあげられました。これは、フランス人の食生活を見ると、油が多いの

に、なぜか心臓病が少ないという疫学上の謎（俗に「フレンチ・パラドックス」と呼ばれます）があったのですが、それに対してフランス人が赤ワインを飲んでいるからではないかという説が出されたのです。調べてみると、赤ワインにはポリフェノールがたくさん入っていて、このポリフェノールには動脈硬化を防ぐ効果があることがわかり、なるほど、赤ワインが健康にいいという話になったのです。

　結果として、日本でもからだにいいなら、ということで飲む人が増えたのが第6次ワインブーム（1997－98年）です。このブームで、日本人はそれまでの2倍ぐらいワインを飲むようになりました。ただ、健康食品的なブームで長続きしなかったため、ブーム後にはワイン消費量もすこしダウンしています。

　しかし、その後10年でワインに対する嗜好が日本にかなり定着してきたようで、ここ数年間でまた消費量がどんどん伸びてきています。いまは、第5次ワインブームの時の500円ワインとは違う、もっときちんとしたワインがスーパーで1,000円代で買えるようになってきており、その結果、第7次ブーム（2012年－）が訪れています。

　そういうわけで1970年代から日本人はワインを飲み始めて、断続的ではあるものの基本的には増え続けています。ただ、前述した通り、日本人は平均年間3本ぐらい、つまり2リットル半程度しかワインを飲んでいません。実際に1人当たりのワイン消費量が最も多いフランスでは、年間47－48リットルぐらいは飲みます。日本人の20倍です。47－48リットルというと50本以上飲んでいることになり、1週間に1本は飲んでいる計算になります。とはいえ、フランスの消費量も以前に比べると相当に減っています。フランス人が一番飲んでいた時代に比べれば、その4割も飲んでいません。それでも、日本人のワイン消費量は、フランス人のワイン消費量の20分の1にとどまっているのです。

3．ワインの旧世界――ヨーロッパとそのフロンティア

「旧世界」という言葉があります。辞書的な意味での、あるいは歴史用語という意味での「旧世界」とは、クリストファー・コロンブス以前にヨーロッパ人が知っていた大陸、すなわちヨーロッパとアジアとアフリカのことです。

「ワインの旧世界」は、普通の意味の旧世界と重なる部分はありますが、微妙にズレています。きちんとした定義があるわけではないのですが、その地域で現在もワインをつくっていて、さらにその起源が古代ローマ帝国、あるいはヨーロッパ中世までさかのぼれる地域が、ワインの旧世界です。ですから、アジアやアフリカはワインの旧世界には入りません。

中国では、漢の時代にすでにワインはつくられており、飲まれていました。王翰という詩人が詠んだ詩に「葡萄美酒夜光杯」という有名なフレーズがあり、ワインが出てきます。古代の中国では、中国西部の砂漠地帯で育つブドウでブドウ酒が作られており、したがってワインが存在していました。しかし、中国はワインの旧世界には含まれません。

イギリスも普通はワインの旧世界とは呼ばれません。歴史を遡ると、現在でいうイギリスは一時期ローマ帝国の版図に入っていました。ロンドンは、ローマ人がつくったロンディニウムという植民都市の名前からきています。イギリスでは、昔、ワインをつくっており、現在もワインをつくっているのですが、その間に長い断絶があります。ワインをつくるには気候が寒すぎた時期があるからです。

現在、とくにイギリスでつくられるスパークリングワインは質が高くて、私もいくつか好きなものがあります。たとえば「ナイティンバー」（Nyetimber）という作り手のスパークリングワインはたいへんおいしいです。じつは、このワインのブドウが栽培されている土地は、後述するフランスのシャンパーニュ地方と、ドーバー海峡を隔てて土壌がつな

がっているため、ある程度技術的な条件がそろえば、シャンパーニュに匹敵するものがつくれる土地なのです。そのため「イギリス南方のシャンパーニュ」と呼ばれたりもします。

　現在のイギリスのワインづくりは、隔世遺伝的にローマ帝国からあったと言えなくもありません。しかし、ワインづくりが断絶した時期が長く、歴史としてつながっていません。ここ20-30年の間に急に産地になった地域なのです。したがって、通常イギリスをワインの旧世界と呼ぶことはなく、イギリスのワインはむしろ新世界ワインと認知されるようです。

　また南アフリカはアフリカにあり、普通の辞書上の意味では旧世界に入りますが、ワインの世界では新世界ワインといわれます。南アフリカのワインはおいしいです。昔ほど安くはありませんが、いまや、たくさんの銘柄が出回っています。

●旧世界のフロンティアで進化したワイン

　ワインの世界では、ヨーロッパ文明が現在の形のワインをつくってきたという語りが、スタンダードとして強力に働いています。このことにはある程度の根拠があります。とりわけヨーロッパ文明がほかの文明あるいはほかの文化と接している地域で、ワインは何回か重要な進化を遂げて現在の形になっているからです。それらすべてを追うことはできませんが、ワインの進化におけるエピソードをいくつか述べます。

　1つ目は樽です。ワインを飲まない方はわからないかもしれませんが、ワインにとって樽の存在は大事です。樽はミズナラという木から作ります。このミズナラの木にはバニリンという物質が含まれています。この名前からわかる通り、バニリンからはバニラの香りがします。白ワインでも赤ワインでも、このバニラの香りがワインに溶け込むとリッチでおいしくなります。

　いまではワインにとってこの樽は欠かすことのできない要素なのです

が、もともとローマ人がイタリア半島にいた頃、ワインは樽には入っていませんでした。何に入っていたか。アンフォラと呼ばれる底の尖った素焼きの壺です。地面に細長い穴を掘って、そこにアンフォラをポンと入れ、マツヤニなどで密封して貯蔵していました。アンフォラにいくらワインを入れても、バニリンのバニラの香りはつきません。当たり前です。アンフォラの素材は土ですから。

　では、ローマ人がどのように樽を知ったかというと、アルプスの北側の人々と出会ったときです。アルプスの北側の人々は森の民です。ローマ帝国とアルプスの北側の世界との遭遇として思い浮かぶのがユリウス・カエサルです。カエサルには『ガリア戦記』という有名な著作がありますが、ローマ帝国がガリア人の土地（現在のフランス）に入っていくなかで、木を使っていろいろなものを作る人（森の民）たちと出会いました。逆にアルプスの北側の人々はワインを知りませんでした。彼らが飲んでいたお酒は、ブドウからではなく、麦で作ったもので、それを樽に入れていたのです。

　素焼きのアンフォラと木で作った樽とでは、どちらの方が便利でしょうか。ローマ人は、ガリア人の土地を征服する戦争をしに行っていました。兵隊はお酒を飲みたいですから、一生懸命ワインを運びました。イタリア半島からフランスのあたりまで、ローマ兵はアンフォラにお酒を入れて運んだのです。素焼きの壺ですから、当然重いし割れることもあります。実際にローマ軍の進路経路にあたる地域では、現在でもアンフォラのかけらが大量に出土します。

　アンフォラは運搬に不便です。フランスに着いてみると、現地のガリア人たちは樽を使っている。こちらの方が便利じゃないか、ということでお酒を樽に入れるようになったのです。おそらく最初はたんに便利かどうかという問題だけだったでしょう。しかし樽にワインを貯蔵するようになると、樽の風味がワインの味にとって本質的なものになりました。

樽の風味がなくてもいいワインはもちろんあるのですが、いまでは、樽の存在を無視してワイン全体を語ることはできなくなりました。

　もうひとつ、テロワール（terroir）という言葉があります。フランス語を勉強している人はわかるでしょうが、テロワールは地球・大地・土地という意味のテル（terre）という単語の派生語であり、一番近い日本語訳は「風土」です。ワインは基本的に農作物なので、どの土地でつくったブドウかによって味わいが変わります。

　みなさんにもこだわりがあれば、たとえば梨にしても、鳥取産か千葉産かで味が違うと思うでしょう。あるいは、千葉産なら甘みの強い幸水がおいしいけれど、鳥取産なら酸味の爽やかな二十世紀梨がおいしいといった、土地と品種の結びつきを考えたりもしますね。ワインの場合、この土地だとこの品種、こういう味わいというものがもっと細かくあります。そういう土地によって決まるワインの性格、あるいはワインに表現された土地の性格のことをテロワールといいます。

　テロワールは、ここはいい畑だから10点のワイン、ここは、まあまあな畑なので8点のワイン、だめな畑だから6点のワインというほど機械的・自動的なものではありません。その土地に人が手を入れることで、はじめて風土というものはできてくるのです。ではテロワールはどのようにしてできてくるのか。

　たとえばですが、フランスのブルゴーニュにドメーヌ・ルフレーヴという有名なワイン生産者があります。ピュリニー・モンラッシェ村に本拠があり、シャルドネ種のブドウからすばらしい白ワインを作る作り手です。ルフレーヴがつくるワインの最高峰はル・モンラッシェです。そもそもめったに手に入りませんが、買えたとしても日本でのお値段は6ケタはくだらないでしょう。それに次ぐシュヴァリエ・モンラッシェでも6-7万円はします。逆に最もアフォーダブルなアイテムはマコン・ヴェルゼで、これなら4,000円程度で手に入ると思います。

4,000円でも決して安いとは言えないかもしれませんが、モンラッシェをはじめとするルフレーヴの他の高級アイテムに比べれば、その価格差は文字通りケタ違いです。同じ作り手が、同じ年に同じブドウ品種から作ったワインにどうしてこれほどの違いがあるのかといえば、それがブドウの育った畑の差、つまりテロワールの差ということになります。
　とはいえモンラッシェの畑があるピュリニー村とマコン・ヴェルゼの産地であるマコン市との間の距離は東京と厚木の間ほどしか離れておらず、地質学的な条件は連続しています。ではテロワールの差とはいったいなんなのか。それを理解するには、すこし歴史を紐解かなければなりません。
　中世の時代にまで遡ると、この2つの地域は異なる行政区画（司教区）に属していました。一方の司教区は主要な川の運送ルートから近く、もうひとつの土地は川から遠い。そこで、近い方の側の司教区が、他方の司教区に儲けさせまいと、管轄内にある川の通行権を握っていることを利用して通行料を徴収するなどしてよそのワインの輸送を妨害したのです。そうした余計なお金がかかるので、川から遠い方の司教区側では、より高く売れるワインをつくろうとさまざまな土地改良など行い、高級ワインを生み出すことができる畑に作りかえていったのです。そうした努力を何世代も積み重ねることで、最初にあった土壌としてはほとんど変わらないのに、投資を繰り返したところは高級ワインの産地になり、そうでないところはもっと安価なワインの産地になったのです。
　このような歴史のプロセスのなかで、テロワールはつくられてきたのです。
　話は変わりますが、もしみなさんのなかでシェークスピアがお好きだという人や、シェークスピアはだいたい文庫で読んだよという人がいたら、『ヘンリー4世』にフォルスタッフという人物が出てくるのを覚えていらっしゃるでしょう。大食いで女好きの下品なキャラクターで、当

然お酒が大好きです。いつも「サック酒」ばかりを飲んでいます。このサック酒というのは、いまで言うシェリー酒のことです。

　シェリー酒というのは、スペインでつくられる酒精強化ワインです。酒精強化ワインとは、ワインをつくるプロセス（厳密には発酵のプロセスの前後ないしは途中）でブランデーを加えたものです。ブランデーを加えると、当然アルコール度数が上がります。アルコール度数が上がることで、お酒が丈夫になります。なぜお酒が丈夫になる必要があるのか。それは長い航海の間、船上で品質がずっと変わらないようにするためです。ワインは普通冷暗所に保管します。そうしないと腐ってお酢に変わってしまう。でも、アルコール度数が普通のワインよりも５度ぐらい高い酒精強化ワインは、冷蔵庫なしでも結構持つようになり、船に積んでおけます。

　イギリス人にとってのシェリー酒は、その当時、船であちこちに行っていた人々から買ってくるか、奪ってくるかしないと飲めないものでした。その意味では、サック酒は、イギリスとスペインとの間の海軍同士の争いのなかに位置づけられるのです。

　また、ブランデーは蒸留酒です。蒸留酒は蒸留しなければつくれません。みなさんはおそらく小学校や中学校の理科の実験でやったことがあるので、蒸留なんて簡単なテクニックだろうと思っているかもしれませんが、蒸留は12世紀には最先端科学の技法でした。しかも12世紀に蒸留という技術を最初に見つけたのは、ヨーロッパ人ではなく、アラビア人です。イスラム圏で発明され、十字軍のプロセスでヨーロッパにもち込まれて、ヨーロッパでも蒸留酒がつくられることが可能になりました。蒸留酒がつくられなければシェリー酒は生まれませんでした。

　すなわち、ヨーロッパ文明とイスラム文明とのあいだの交通がなければ、シェリー酒は生まれなかったのですが、このことさえもヨーロッパ文明におけるワインの発展としてヨーロッパのワインの歴史として取り

込まれています。これも重要なポイントです。

　もうひとつドンペリの話もしておきましょう。ドンペリはご存じですか。聞いたことがある人もいるかと思います。ドンペリとは通称で、正しい名は「ドン・ペリニヨン」(Dom Pérignon) というシャンパーニュ（シャンパン）です。この名の由来はドン・ピエール・ペリニヨン (Dom Pierre Pérignon: 1638年生-1715年没) というシャンパーニュ地方オーヴィレール（Hautvillers）の修道院の修道士です。彼はそこでワインの管理をしていました。

　オーヴィレールはフランスの北の方にあり、寒い場所です。ワインは酵母がブドウジュースを発酵させることでできるのですが、酵母は生き物ですから、暖かいと活発になり、寒いと活動が静かになります。静かになると、酵母はアルコールをつくってくれません。しかしフランスの修道院ではワインは収入源になるため、寒くても何とかブドウをつくって、ワインをつくろうとしていました。

　しかし、やはり寒すぎるのです。ブドウを収穫して、ブドウジュースができて、それに酵母を入れて発酵が進んでも、冬が来て寒くなってしまい、ジュースのなかに酵母のエサとなる糖分が残っていても途中で発酵が止まってしまいます。それで発酵がとまったからと瓶詰めしてしまうと、今度は春にまた暖かくなって、1回瓶に詰めたのに、また発酵が始まってしまう。これでは困ります。発酵のプロセスはアルコールだけではなく炭酸ガスも発生させるので、ワインが噴き出してしまうのです。ひどい場合には瓶がガスの圧力で割れてしまいました。ワインカーブの管理はワインボトルの爆発事故と隣りあわせの危険な業務でさえあったのです。

　そこでオーヴィレール修道院のワイン貯蔵庫の管理担当だったドン・ペリニヨンは、いったいどういう条件で、ワインが春になったら噴きこぼれるようなことがおこるのかを調べました。当時は、この理屈がまだ

科学的にわかっていなかったので、どういう条件でどうなるか、彼は膨大な量の記録を取ります。そしてどうやら温度が関係しているらしいこと、アルコールが発生するプロセスで炭酸ガスが発生していることを突き止めます。

当時、泡が出るワインというのは、一度発酵が止まって、春にもう１回発酵がはじまってしまったワインであって、それはだめなワイン、失敗作とされていました。ドン・ペリニヨンは、ワインから泡が出ないようにするにはどうしたらいいか、一生懸命に突きとめようとしたのです。しかし、ワインから泡が出ないようにするにはどうすればよいかわかれば、逆に、どうしたらワインから泡を出させるようにできるかもわかります。

じつは当時のフランスでは泡が出るワインは欠陥ワインだと思われていたのに対して、イギリスではすでに消費文化が花開いていて、泡が出るワインって面白いじゃないか、飲もうよということで、泡が出るワインに対するファッションの需要が出てきたのです。というわけで、泡がでるワインの生産がシャンパーニュで定着し、泡のでるワインがシャンパーニュという地名と結びつけられてシャンパーニュと呼ばれることになったのです。シャンパーニュは、じつは意図せざる結果として生まれたのです。

ここまでは、ドン・ペリニヨンがシャンパーニュをつくりだしたというはなしでしたが、少しほり下げるとシャンパーニュの発明は彼だけの功績ではないのです。では誰かほかの人の協力を得たのかというと、そういう話でもありません。

協力者の名は地球です。ドン・ペリニヨンの時代は小氷河期で、ヨーロッパはすごく寒い時期を経験していました。地球全体の平均気温が２度ぐらい下がっています。いまでは考えられないことですが、ロンドンのテムズ川は冬には凍りついてました。それぐらい寒かったのです。

それぐらい寒い条件のなかで、春になるとワインが頻繁に吹きこぼれ

て、それにどう対応しようかというところからシャンパーニュは生まれました。考えようによってはドン・ペリニヨンがシャンパーニュをつくったのではなくて、地球寒冷化がシャンパーニュをつくったといってもいいわけです。いわば、人とモノとの相関関係のなかでワインが進化してきたのです。

4．ワインの新世界——定住植民地からパリ試飲事件へ

　これまでお話ししてきたのはワインの旧世界についてですが、それに対して新世界があります。普通の意味で新世界というのは、コロンブス以後にヨーロッパ人が知った世界で、南北アメリカやオーストラリア、太平洋の島々を意味します。

　ところがワインの新世界はすこし違います。ワインの新世界とは、ワインづくりの起源が、大航海時代以降のヨーロッパの植民者に求められる地域です。どこが該当するかというと、アメリカ（とりわけカリフォルニア）、チリ、南アフリカ、オーストラリア、ニュージーランドといったところです。南アフリカは普通の意味では新世界には含まれませんが、ワインの世界では新世界に含まれます。

　さらに、これまで挙げた場所以外に、普通の意味では新世界だが、ワインの新世界かというと微妙なところがいくつかあります。たとえばカナダはどうなのか。カナダワインは確かに新世界とされる時期に存在したのですが、当時のカナダのワインづくりが、現在のカナダのワインづくりの起源に直接繋がっているのかというと微妙です。アルゼンチンも同様です。ワインの新世界ではあるが、現在のワイン作りのあいだに相当の断絶があるので、さらにもっと新しい新世界というべきなのか。これについては後で話しますが、微妙なところです。

　いずれにせよワインの世界では、旧世界といえば、ローマ帝国からヨーロッパの中世にワインづくりの起源があるということを意味し、新世

界といえばヨーロッパ人が大航海時代以降に、そこに移住して住みついて、ヨーロッパ人が自分たちのものとしてつくり始めたワインづくりに起源があることが、ワインにおいては決定的な意味をもっているのです。

　アメリカでワインがつくられ始めたのはだいたい17世紀から、チリや南アフリカでも17世紀頃からです。オーストラリアやニュージーランドでは19世紀が直接の起源になります。これら新世界のワインは、50年ぐらい前まで国際市場ではほとんど流通していませんでした。つまりアメリカでつくったワインはアメリカで消費され、チリでつくったワインはチリで消費されるワインでしかありませんでした。アメリカでつくったワインをわざわざフランス人が飲んだり、チリでつくったワインがニューヨークで飲まれたりするといったことは、まったく考えられなかったのです。

● パリ試飲事件

　その状況が変わった象徴的な年が1976年です。この年に、新世界ワインが国際市場で認知される経緯となった「パリ試飲事件」が起こります。

　スティーヴン・スパリュア（Steven Spurrier）というフランス人のワイン・トレーダーがいました。彼はちょっと変わった人で、フランスで、フランス在住のアメリカ人向けのワイン学校をつくっていたのですが、アメリカのワインにも可能性があるかもしれないと気づき、アメリカ人向けの宣伝や愛嬌ぐらいの軽い気持ちでフランス・ワインとカリフォルニア・ワインの試飲イベントを企画しました。どちらがどちらかわからないようにした状態で飲み比べをして、点数をつけてみようというイベントです。どうせフランスが勝つだろうけれど、カリフォルニア・ワインがどのくらい善戦するか、ちょっとみてみようといった感じの軽い気持ちのイベントでした。しかし、やってみたら、カリフォルニア・ワインが勝ってしまった。パリで行われたのでギリシア神話のエピソードをもじって「パリスの審判」と呼ばれています。

　白ワインでは、1位がシャトー・モンテレーナ（カリフォルニアワイ

ン）のシャルドネで132点。2番目はムルソー・シャルム（フランスワイン）、3番目がシャローン・ビナード（カリフォルニアワイン）です。白ワインは10本あるうち、1位と3位をカリフォルニアワインが獲得しました。

赤ワインの1位はスタッグス・リープ・ワイン・セラーズ、カスク23（アメリカワイン）で157.5点。僅差で2位が、ムートン・ロートシルト（フランスワイン）でした。ムートン・ロートシルトはボルドーワインの最高峰のひとつですが、アメリカワインがこれに勝ってしまったのです。3位はシャトー・オー・ブリオン（フランスワイン）でした。

この試飲大会の結果は、大スキャンダルになりました。審査委員に呼ばれた人たちのなかには自分の名誉にかかわるので、自分の審査シートを返せと迫った人もあったほどです。この事件を描いた『パリスの審判』という本も出ていますし、『ボトル・ドリーム』というタイトルで映画化もされました（ランドール・ミラー監督、2008年。原題は『ボトル・ショック』）。ハリー・ポッター・シリーズでスネーク先生を演じたアラン・リックマンがスティーヴン・スパリュア役をつとめています。もし興味があればご覧ください。

これが象徴的な事件となって、1970年代後半以降、新世界のワインが次第に旧世界の市場に出回るようになりました。さらにその市場もヨーロッパだけでなく、新世界から別の新世界へ輸出されて飲まれるようになるというプロセスも始まりました。新世界ワインが国際市場に流通しはじめたあたりからが、いま私たちが生きているワインの世界の始まり、現代の始まりといっていいと思います。

5．ワインは農作物か

話が現在にまで達したところで、ワインにとっての現代史と、少し長いスパンでのグローバル化を重ね合わせて見ていこうと思います。

ビールなど工業化されたお酒との対比で「ワインは農作物だ」とよく

いわれます。それはどの程度真実だといえるでしょうか。そもそもグローバル化した世界において農作物はかつてと同じ農作物でしょうか。

工業化以前の人間社会は基本的に農業社会です。かつて人口の９割以上は第１次産業に従事していました。生産活動は大自然に大きく左右されていました。天気が悪ければどうしようもない。海が荒れたらどうしようもない。そういう生活でした。しかし、自然をコントロールして、一定の品質のものを計画通りに生産するテクノロジーが、産業革命以降、次第に浸透していきます。これが工業の重要な一側面です。

工業化によってつくられるものは工業製品です。工業製品といってみなさんが普通思い浮かべるのは、たとえば、車や服でしょう。しかし、工業化した社会では農業もかなりの程度工業化されます。これは当然のことで、自然をコントロールするテクノロジーはある程度までは畑でも海でも使えるのです。もちろん限界はあります。砂漠でいきなり農産物ができるか、海が猛烈に荒れているのに漁に出られるかといえば、それは無理かもしれません。しかし、一定程度はコントロールできる。ですから工業化した社会では農業も工業化します。

工業社会が何を目標としていたか。それは人類を欠乏から解放することです。自然の意のままになっている社会においては、人間は常に欠乏と隣り合わせです。自分が欲しいものが手に入らない、端的に言えば飢え死にておびえる社会が農業社会です。工業社会は、この欠乏から人間を解放しました。

でも私たち現在、欠乏に本当には苦しんでいません。まったく収入がなくなるといった恐怖はあるかもしれませんが、それは本質的な意味での欠乏に対する恐怖ではありません。この社会でつくられたものがきちんと分配されれば、本当に飢えなくてはいけない人は、おそらく地球にほとんどいないはずだと思います。実際のところ現在の経済の中心は欠乏を埋めることではなく、むしろ欲望を見いだすこと、欲望に応えるこ

とです。これ少し難しい言葉では「フォーディズムからポストフォーディズムへの転換」と言います。

●フォーディズム：欠乏の時代（ニーズに応える経済）

　フォーディズムについて少し説明しましょう。フォードという車の会社が、ベルトコンベアーを使った車の製造方法を最初に導入しました。工場でベルトコンベアーを使って、同じ形の車を大量につくる。大量につくれば、スケールメリット（規模の経済性）があるので、その分だけ安価になります。

　安価につくれば、買える人が増える。買える人が増えれば、その分だけ売れる。売れたら会社はもうかるので、それを使ってまた、もっとたくさん製造できる工場をつくる。そしてまた安くなる。安くなると、またたくさん買う。たくさん買うからまたもうかる。もうかったお金で工場をたくさんつくる。この連鎖によってどんどん安くなり、どんどんたくさんつくれるようになります。これがフォーディズムの経済です。だいたい1960年代ごろまで、世界経済はこのダイナミズムで大きく持続的に成長してきました。

　しかし、ほとんどの人は車を毎年買い換えたりしません。基本、一家に1台、あるいは1人に1台あればいい。しかし、1人が車を毎年3台も4台も買い換えることはあまり考えられません。しかもフォーディズムの生産体制ではその車は基本的に規格化された、つまり同じ形の車ばかりですから、そんな同じ形の車を何台も毎年買い換えることなどますます考えにくいことです。つまり、フォーディズムの経済はどんどん拡大すると、どこかで限界にぶつかります。

　一方、それでも企業としては売り上げを増やさなければなりません。ではどうするかというと、移動手段として必要だから車を買うのではなく、「こういう車を持っている自分はかっこいい」という欲望に訴えることで車を売ろうとするのです。車の移動手段としての利便性そのもの

よりも、「こういう車を持っていれば、こういうふうに人から見られますよ」「こういうライフスタイルのためには、こういう車がぴったりですよ」と提案していく。そして消費者はその宣伝を見て、その車に乗っている自分の姿をステキだ、かっこいいと思い、いわばその意味づけに対価を払うようにして車を買うのです。

●ポストフォーディズム：飽食の時代（ウォンツを生み出す経済）

　意味づけによって欲望を引きずり出して、そこへ向かって売っていく。これは欠乏からの解放とはまったく違うロジックです。これがポストフォーディズムの経済です。このような欲望を引き出すためのものづくりにおいて、安価に同じものを大量につくるフォーディズムのテクニックはまったくムダ、いやむしろ邪魔でしかありません。そうではなく、できるだけ違うものを少量つくり、それにどれだけ記号(サイン)や意味をつけられるかが重要になります。

　たとえばですが、もっとも簡単な意味のつけ方は色を変えることです。どんなものでも、最初はとても値段が高くて、だんだんと値段が下がってきます。値段が下がりきったところで何をするかというと、色違いを出します。フォードが最初に大量生産した車は黒一色でした。しかし、いまではとてもカラフルです。というのも、スケールメリットで売れなくなったからです。トヨタのクラウンにしてもいまではピンクのバージョンがあります。ピンクの車に乗ることにある種の欲望を感じたり、自分のライフスタイルや趣味の表現をそこに見いだせたりする人が買うのです。ピンクのクラウンを買う人は、別に自動車が欲しいから買うのではありません。ピンクのクラウンに乗っている自分をかっこいいと思い、そのかっこいい自分のイメージを自分で消費しているのです。

　このようにポストフォーディズムの経済とはいわばウォンツ（Wants）をつくりだす経済です。そしてその意味でこのポストフォーディズム経済は工業化社会ではなく、情報化社会です。ウォンツは意味の消費です。

意味の素材って情報でしょう。情報をどう操作するか。意味のある情報をどうつくりだすかが経済の中心に変わっている。ここにおいて、工業製品は情報化する。車は工業製品でしたが、いまや、もうファッション化した意味＝情報の比重が高い商品です。この意味で工業社会はすでに過去のものであり、確かにわれわれは依然として工場でつくったものを着たり食べたり使ったりしていますが、わたしたちが生きているのは情報化社会なのです。

　車は移動手段が欲しいから買うというよりも、その車を使って自分のテイストやライフスタイルをどう表現するかで買われている。農作物も同じです。前述したように、農作物は一度工業化されたのですが、工業化した農作物も情報化社会に入れば、さらに情報化するのです。

　昔はまず飢えをしのぐことが大事だった。そして飢えをしのぐために、工業化された農作物をどんどん作るようになった。しかし、現在はどうでしょうか。みなさんが食べ物を買うのは、おなかがすいているから買うという感じから遠ざかっていませんか。むしろ、おいしさとか、あるいは健康にいいとか、エコに気を使っているとかといったライフスタイルの選択として買っていませんか？　チョコレートを買うにしても、フェアトレードを選んで買ったりする。それはやっぱり意味の消費なのです。もしもチョコレートが食べたいだけだったら、どこのものでもいいのに、少々高くてもフェアトレードのチョコレートを買っている人は、それを買う自分のイメージを消費しているのです。そういう意味で農作物も情報化しているわけです。

●産地の拡散、品種の収斂、パーカーポイント──ファッションになったワイン

　ワインなしでは何も始まらない時代がずっと続いていたため、ヨーロッパ人にとってワインはほとんど必需品でした。そのため、19世紀の終わりから20世紀の初めにかけて、ヨーロッパ人にとってはワインをいか

に安定供給するかが大きな課題でした。安定供給するために農薬を使ったり、化学肥料を入れたり、機械を入れたりして、その結果、たくさんワインを作れるようになりました。

　たくさん作れるようになった結果として、1960年、フランスでは一人当たり年間約125リットルのワインが飲まれるようになりました。1週間に3本ぐらいワインを飲んでいる計算になります。大人が4人いる家族だったらワインを1週間に1ダース飲んでいます。そんな時代だったのです。

　しかし、量的にはそこが限界です。欠乏から解放されて幸せだったのはここまでだった。だんだん「量じゃないよね」「もっとおいしいものが飲みたい」「他人と違ってセンスのいいワインが飲みたい」「これまでとは違う味のワインが飲みたい」となってくれば、もう量の勝負ではなくなります。もちろんワイン以外の飲みものの選択肢もどんどん増えます。ほかならぬこのワインが飲みたいという欲望にこたえることが必要だとなれば、求められるものはもはや量ではありません。結果、だんだんワインの消費量自体は減り、伝統的に大量のワインが飲まれていたフランスでも、ワインの消費量は右肩下がりになってきています。

　この情報化の話のなかで、どうしても挟んでおきたいエピソードがあります。100点のワイン、90点のワインという表現を聞いたことがある人はいませんか？　ワイン売り場に行くと、ときどきワインにPP 95などと書かれたポップがついていることがあります。このPPというのは「パーカーポイント」（Parker Point）のことです。ワインを100点満点で評価して、毎月パンフレットを出すことを最初に始めたのがロバート・パーカーというアメリカ人で、そこからパーカーポイントという言葉が生まれました。ちなみに実際は100点満点ではありません。どんなワインでも最低50点はついていて、そこから加わる点数がポイントです。出席点が50点もらえる仕組みのようなものだと、本人は言っています。

アメリカ人は、いまでこそ結構ワインを飲みますが、パーカーが若かったころまで、アメリカ人はそんなにワインを飲みませんでした。ワインというのはヨーロッパ人のもので、わたしたちが持っている「ワイン＝難しい」という感覚をアメリカ人も持っていたのです。だから何がいいとか言われてもわからない。でも点数にすればわかるでしょう。95点ならすごくいいワイン、93点ならそれより少し落ちるのかなといった感じで、点数制はわかりやすい。パーカーは、『ワイン・アドヴォケイト』という、いわばワインの点数付け雑誌をつくりました。こんなふうに点数で差異化するというマーケティング方法がうまくいったのです。

　パーカーがいい点数をつけると売れるので、パーカーにいい点数をつけてもらいやすいようにワインをつくるといった現象が次第に起こりました。パーカーはアメリカ人らしく、濃くてパワフルで甘い感じのするワインが大好きです。彼はとくにボルドーのメルローというブドウを使ったワインが好きだったので、ボルドーではパーカーに好まれるスタイルのワインがどんどん作られるようになりました。さらに、その作り方を指南するワイン・コンサルタントが続々と出てきます。すると、そのコンサルタントにたくさんのお金を払うと、パーカー好みのワインが作られ、それにパーカーが高い点数をつけると売れる。売れると、やはりパーカーポイントで売れることがわかるため、ますますコンサルタントがもうかるといったサイクルができあがりました。

　これはいわば消費者の好みをメディアであらかじめ操作しておいて、そのメディアで操作された消費者が欲しがるようなワインをデザイン・生産して売るというマッチポンプの仕組みです。ここには、ワインをたくさん飲みたいという欲望はまったくない。おいしいワインを飲みたいという欲望さえもない。パーカーポイント100点のワインを飲んだということ自体が満足を生んでいるのです。「よくわからなかったけれど、これは100点だからすごいワインなのだろうな」「何万円も払ったから

な」といった感じの満足なわけです。これがポストフォーディズム状況におけるワインのひとつの姿です。

6．二極化するワイン

　ポストフォーディズム化の結果として、ワインの世界は急激に二極化します。メディアが操作して、あるタイプのワインがイケているという情報が流れると、そこに需要が殺到します。値段は需要と供給の関係で決まりますから、需要が殺到すれば値段はどんどん上がります。本当にそれが欲しかった人や、そのおいしさがわかる人だけではなく、パーカーポイントがそんなに高いのなら一度飲んでみたいという需要が出てくるので、どんどん高くなります。

　もちろんそれ以前の工業的なワイン生産が消滅するわけではありませんから、一方で、安いワインは同じ品質でもどんどん安くなり、低価格帯では熾烈な価格競争が起こります。どんどん合理化しないと競争に負けてしまうという世界が、ピラミッドの下の方に出現します。ピラミッドの上の方では、パーカーポイント100点で何万円、何十万円というワインに需要が殺到して値段がどんどん上がっていきます。需要が需要を呼ぶので、値段が高ければ高いほどいいのです。こんなに高いワインを自分は飲んだのだということ自体が満足につながっているわけです。

　たとえば前出のシャトー・ムートン・ロートシルトは20年前なら1万数千円で買えました。いま、その値段でムートンはまず買えません。最低でも5万円はします。

　他方、あえて私の感覚で申しますが、いま1,500円で買えるワインは、20年前に5,000円で買ったワインと比べてもまったく劣りません。つまり、価格競争が激しくなっていて、下の方のワインの品質は確実に上がっています。安いワインも結構おいしい。いま1,500円から2,500円程度で売っているワインの品質は（画一的ではあるかもしれませんが）空前

の質のよさです。ですが、他方で高級ワインはどんどん高騰しています。
　こうした現象はどうして起こるのでしょうか。
　結局、ワインには２つの側面がある。まずモノとしての側面。実際に味がある、飲むものとしての側面です。もうひとつは記号としての側面。ポストフォーディズム化によって、ワインの価値は、モノの次元から記号の次元に重心を移したのです。モノをつくるコストは大幅に下がりましたが、記号を消費する消費者が大幅に増え、結果として低価格ワインは熾烈な価格競争の結果としてある種の充実を生み、高価格ワインはどんどん高騰するという状況が生まれているということです。

７．ワインの新しい世界

　先ほどワインの旧世界と新世界の話をしました。ワインは現在、この旧世界と新世界だけでつくられているのでありません。ほかの地域や国でもどんどんつくられるようになっています。この地球上でワインをつくる地域はここ20年程の間に急速に増えています。
　まず、これまでワイン生産の伝統がまったくなかったにもかかわらず、突然国際市場に向けてワインをつくりだした地域があります。たとえばインドやタイです。国際市場に出ているインドワインは結構高レベルです。ロンドンなどで開かれる、アジア圏のワインコンクールがありますが、2014年のシュナンブランという品種の部門のトップはインドワインでした。
　次のタイプは、前近代のワイン生産の歴史からは１回断絶し、再びつくり始めたところです。遠い昔にワインをつくっていたけど、それとは関係なく、グローバル化のなかで、突然ワインをつくりだし、国際市場に売り出した地域です。代表的なのは中国とトルコですね。中国は前述したように、漢の時代にワインを作っていました。そこから完全につくらない時代がずっと続いていたのですが、最近の資本が新しくワイナリ

ーをつくって、評価が結構上がってきています。トルコもそうです。カッパドキアで昔ワインを作っていましたが、その伝統は一度途絶えました。しかし近年カッパドキアワインを復興させるプロジェクトが始まって、トルコはワインを輸出産業にしようと一生懸命育てている最中です。イギリスも先ほど申し上げた通りです。

　ピラミッドの上の方に位置するワインは、やはり旧世界のヨーロッパの高級産地ががっちり押さえています。しかし、旧世界では下の方のワインも作っています。そしてこの旧世界の下の方のワインは新世界のワインとの競争には勝てません。というのはレガシーが多すぎるのです。規制が多すぎる。土地が高すぎる。人件費が高すぎる。たとえばチリや南アフリカと比べれば、人件費だけでもまったく違うので、価格競争に勝てるわけがありません。そうすると、旧世界のピラミッドの下の方のワイナリーでは、これまでのワインの伝統の延長線上でワインを作っても採算があわず、やめていきます。実際にEUは、もうからないワイン作りしかできないなら、ブドウ畑の減反を行うべきだと域内のワイン農家に勧告しています。

　そういう意味では、いったんワイン作りの伝統が途絶えたものの、ワイン作りの土地としては環境的にいいところのほうが有利です。とくにスペインから南イタリアにかけて、新しい発想でワインを作って、国際市場に出ていくケースがたくさん出てきています。南仏でもいくつかあります。旧世界のなかにも、飛び地的に新しい新世界が生まれているという状況だといえるでしょう。

●消費の新しいフロンティア

　いま紹介したのは生産の新しいフロンティアです。一方、消費側にも新しいフロンティアがあります。

　これは何といってもアジア、特に中国です。アジア人がこの十数年の間に劇的にワインを飲み始めています。図は中国のワイン消費量の増加

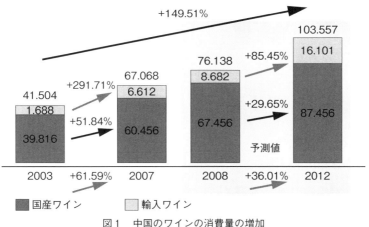

図1　中国のワインの消費量の増加
（VINEXPO/The IWSR 2009）

ですが（図1）、2003年から2012年までのわずか9年で、2倍半も伸びています。

　20年前ぐらいまでは、ヨーロッパのワインの生産者にとって、アジアでワインを売ることは、基本的には日本人にワインを売るということでした。ワインはやはりぜいたく品なので、豊かな国で売ることがセオリーだったのです。しかし、日本人はテイストが成熟して、マーケティングに非常に手間がかかるようになった一方で、市場スケールがそれほど大きくありません。中国市場に比べればスケールは10分の1です。手間がかかるのにもうからない市場になってしまい、ヨーロッパの生産者の関心は中国に移っています。

　ボルドーの最高級ワインの1つにシャトー・ラフィット・ロートシルトというワイナリーがあります。2008年というのはボルドーにとってあまりいい年ではなかったのですが、それでも中国人はたくさん買うだろうという予測が立っていました。2008年のシャトー・ラフィット・ロートシルトのボトルには、漢数字で「二〇〇八」と彫られています。中国

人に売るためです。（貼りかえのきく）ラベルではなく、ボトル自体に彫るほどの力の入れようです。

　また、レストランなどで見たことがあるかもしれませんが、ボルドーの高級シャトーのラベル全部を一覧にしたポスターがあります。これは長らくフランス語版しかありませんでした。英語版さえなかったのに、最初にできた外国語版は中国語版です。日本語はいまでもありません。ボルドーが現在もっとも売りたい先は中国です。アジア市場の伸びが非常に重要だということです。

　日本を生産の新しいフロンティアとみなせるかは少し微妙です。ヨーロッパ人が植民してワインを作ったのではないから、ワインの新世界ではない。かといって、新しい新世界かというとそうでもない。意外と古い歴史を持っているのです。日本のワイン生産は、ワインの新世界と新しい新世界のちょうど中間ぐらいの生産地です。その意味では前例がないので、国際市場にいかに出て行くかの戦略が難しい立場にあるともいえます。

8．閉じるワインの世界

　21世紀に入って加速している2つの傾向として科学化と金融化が挙げられます。ワインづくりが本当に農業だったころ、あるいは工業化しているプロセスの途中ぐらいまでは、ワインの出来不出来は本当にお天気任せでした。ですから、ビンテージ・イヤー（ワイン用のブドウの当たり年で、優良なワインが醸造された年）にもおそらく意味がありました。たとえば、わたしが生まれた1971年のボルドーは大したことはありません。一方でドイツワインはまあまあよいようです。1970年生まれのボルドーは最高です。そもそも手に入りませんが、もしも1970年のボルドーの1級シャトーのワインをオークションで買おうとすれば、1本何十万円はくだらないと思います。こんなふうに天候任せだったのですが、技

術の発達とともに、ワインづくりも急速に科学化していきます。そうすると天気任せの部分が減ってくる。さらに、この味わいはこの土地でしか出せないといった土地の制約もどんどん薄れてきました。

　ジェラール・バセットという世界的に有名なソムリエがいます。2010年に行われた第13回世界ソムリエコンクールの優勝者です。3度目の挑戦でやっと優勝した努力の人である彼は、「今日のワインは技術が支配しているので、デギュスタシオン（テイスティングによる産地などの判断）はかつてなく難しくなっている」という趣旨の発言をしています。以前は、飲めば「こういうタイプのワインだったら、ここで作られたものだろう」とわかりました。たとえば、これはフランスのワインだろう、あるいはもっと細かく、ブルゴーニュのピュリニィ・モンラッシェ村のこの畑だろうとわかりました。ところが、そういう「土地によってつくられている」と思われた味のかなりの部分が技術によって複製可能になってしまったのです。いまや、ワインはどのぐらいの技術と資金が投入されたかで決定されてしまうものに近づいていっているわけです。

　これまで、ワインにおけるモノの次元での差異として、土地（テロワール）が最も重要だったのですが、それが技術に凌駕されてしまうことで、モノの次元での意味がいわば資金の関数に還元される傾向を帯びてきました。でも実際には、ポストフォーディズム経済、情報化した経済のなかに私たちは生きていますから、ワインに高い値段をつけようとすれば「これはあのピュリニィ・モンラッシェ村のレ・ピュセルという畑で採れたブドウで、ルフレーブさんが作ったワインです」と意味＝情報を「盛る」必要があります。

　これはテロワールの記号性が増すということです。たとえば、発泡性のワインのことをついおしなべて「シャンパーニュ」と言ってしまいますが、シャンパーニュというのは地名ですから、本来はシャンパーニュ地方でつくられた発泡性ワインしかシャンパーニュと呼んではいけませ

ん。スペインの発泡性ワインのカバ、ドイツの発泡性ワインのゼクトなどをシャンパーニュと呼んではいけません。シャンパーニュと製法的にはほとんどかわらないイタリアのフランチャコルタでも同じことです。オフィシャルでそんな呼び方をしたら大変なことになります。シャンパーニュには、シャンパーニュ以外のところでつくった発泡性ワインをシャンパーニュと呼ぶ企業や団体に対しては、シャンパーニュ委員会がどんどん訴訟をおこします。実際に世界じゅう訴訟をして回っているのです。その対象はワインだけではありません。iPhone の「シャンパンゴールド色」についても、シャンパーニュのワインのブランドイメージを勝手に利用しているので、利用料を払えと主張するほどです。それほどシャンパーニュのブランドイメージの維持に神経をとがらせているのです。

　なぜこれほどまでに神経をとがらせなければいけないのか。そのひとつの背景はシャンパーニュ地域以外でも、技術的にはシャンパーニュに比肩するほどの発泡性ワインが作れるからです。でも、同じクラスの発泡性ワインでも、シャンパーニュ地方でつくられたものの方が絶対に２割から３割、価格が高いですね。それは、ゼクトでもカバでもフランチャコルタでもなく、シャンパーニュを飲んでいるという気持ちがやっぱり大事だからです。だからこそ、彼らは記号としてのシャンパーニュ、つまりブランドイメージを神経質に守る必要がある。これが１つです。科学化に伴って差異の記号の比重が大きくなったということです。

　もう１つは金融化です。じつは世界ではお金が余っています。そんなに余っているなら、私が欲しいくらいですが、そういう意味で余っているのではありません。お金は使わなければ意味がありません。お金は食べられないでしょう、お金は着られない。お札をつなぎ合わせて服を作ってもいいですが、あまり着たくないですね。

　お金は、なにか人の世の役に立つもののために使ってこそ、はじめて

意味があります。そしてそのことによってさらにお金が増える。その増えたお金を使って、なにか人の世の役に立つものをつくる、というのが健全な資本主義のプロセスです。しかしいま、この先いったい何のためにお金を使えば、人の世の役に立つものをつくることができるのか、もうわからなくなっているのです。お金はたくさんあるけれど、そのお金を使ってさらにお金をふやせそうなことが見つからない世界になっている。

　そうはいっても、資本主義経済において、お金の使い道がみつからないことは、経済の収縮を意味します。それを避けるにはつねにお金を増やしていかなければならないのです。増やすためにはもうかる何らかの事業に投資しなければいけないのですが、その投資先がない。

　ならば、値上がりするモノを買えばいいのではないかと考えた。ワインは値上がりします。いいワインであればあるほど熟成し、値段が上がる。しかも、ある年に作られたワインの数はすでに決まっているため、その後、絶対に増えません。減る一方です。供給が減る一方なので、値段は上がる一方です。だからワインに投資すればいいということで、いま世界の余ったお金が、ワインを飲むためではなく、ワインの値上がりを見込んでワインを買うように流れ込んきています。ワインはもはや投機商品に変わってきているのです。会計用語で流動資産を意味するリキッドアセットという言葉がありますが、まさにワインは文字通りのリキッドアセット、すなわち液体の資産です。

　ロンドンに「ライブ・エックス」（Liv-ex）というワインのバーチャル取引所があります。そこではライブ・ファイン・ワインという高級ワインの平均価格の指数（インデックス）が公表されています。これは日本の主要な企業の株価を平均で出した日経平均のようなものです。「ワイン100」ではワイン主要100銘柄、「ワイン500」では主要500銘柄のワインの値段の動向が示され、いまが買い時である、あるいは売り時といった情報を提供して

います。ここの会員になると、細かい分析情報が得られます。それを利用してワインをバーチャルに売買してお金をもうけている人がいるのです。

　私はワインが大好きなので、飲まない人がワインの売買をくりかえして値段がつりあがってしまうのは、正直やめてほしいなあという気持ちがあります。あるいは、ワインのよしあしが、どれだけお金をかけて技術をつぎ込んだかによって決まると言われると、少々寂しい気持ちにもなります。

　そういう意味で、いま目の前で起こっている現象を見ると、ワインの世界が少し閉じていっている感じがします。しかし、これは突然起こったことではありません。今日長いスパンを取って話したように、いくつかの段階を踏まえてできあがってきたことだと思います。そして、ワインの世界がこういうトレンドで動いていることをわかっていれば、そのなかで自分がどういう立ち位置を取るべきか、どういう行動をとるべきか、冷静に一歩引いて見て、客観的な判断ができるのではないかと思います。

　大規模な社会現象は直接見ることができません。でも、モノを通すことで大規模な社会現象に一定の展望（パースペクティブ）を与えることができるのです。このモノはワインだけではありません。たとえば、砂糖でも馬でも小麦でも綿花でもできるかもしれません。いろいろなモノで可能だろうと思います。

　自分のライフスタイルなり、知的な関心なりのなかに、自分にとってグローバリズムを見通す、あるいはもっと大規模な社会変化を見通すための「窓」として使えるモノが、誰にとってもあると思います。今日の話が、そういう関心やモノの見方をはぐくんでいくきっかけになれば、私は大変うれしく思います。

II

魚はいつまで食べられる?

勝川俊雄

(かつかわ　としお)東京海洋大学産学地域連携推進機構准教授。1972年生まれ。東京大学大学院農学生命科学研究科博士課程。専門は、水産学。著作に『日本の魚は大丈夫か?』(NHK出版新書、2011年)、『漁業としての日本の問題』(NTT出版、2012年)、『魚が食べられなくなる日』(小学館新書、2016年)、などがある。

　東京海洋大学の産学地域連携推進機構准教授の勝川俊雄です。2015年4月に放送されたNHKの番組『クローズアップ現代』や、『三田評論』2015年2月号の特集で、日本の海と水産資源の持続性の話をしています。
　今日は、「日本の魚はいつまで食べられるのか」というテーマでみなさんにお話しますが、まず「食べる」ことの意味を考えてほしいと思います。みなさん、毎日、食事をしていると思いますが、その食料がどういうように作られ、その生産の現場がいまどうなっているか、関心を持ってもらえたらと思います。

１．みなさんは魚をちゃんと食べていますか？

　最初に質問です。みなさんは魚をちゃんと食べていますか？　魚をちゃんと食べている人はどのぐらいいますか？（会場から挙手が）多いですね。では、ちゃんと食べてない人は？
　ちゃんと食べていないと挙手した君は、どうちゃんと食べてないのでしょうか？

学生1　定期的には食べていません。

　あまり食べられないときもあるわけですか？

　学生1　そうですね。

　反対にちゃんと食べていると手を挙げた人は、どのようにちゃんと食べているのでしょう？

　学生2　週に4回は食べています。

　素晴らしいですね。

　もうひとり聞いてみましょう。君は食べていますか？

　学生3　食べていません。

　それはなかなか食べる機会がないからですか？

　学生3　一人暮らしなので、自分が好きなものばかりを食べています。

　なるほど。一人暮らしの場合は、なかなか魚を食べづらいですよね。「ちゃんと食べていますか？」と聞くと、このように答えが返ってくるわけですが、では「ちゃんと食べる」の「ちゃんと」とは何を意味するのでしょうか。一般的には、「ちゃんと食べる」とは、頻繁に十分な量を食べることを意味します。「魚は体にいいから、毎日、十分な量を食べましょう」と言うとです。でも、本当にたくさん食べれば良いのでしょうか。今日は、別の視点もあるのではないか、という話をします。クロマグロやウナギなどは、我々の世代が食べ過ぎたために、未来の世代が食べられなくなる可能性があります。これからも食べ続けられるように、ちゃんと持続的に食べることも必要だということも皆さんに知ってほしいと思います。

2．漁獲に対して国内外で論調は正反対

　日本国内のメディアを見ていると、消費者が魚を食べなくなった、いわゆる魚離れが大問題だと言っています。魚を食べなくなると不健康だし、文化が失われるという論調です。一方、海外ではどうかというと、

魚が減っていて、2048年までに漁業が消えるので何とかしなければならないということが語られています。専門家で2048年漁業消滅説を信じている人はほとんどいませんが、水産資源の減少について取り組みが必要なことは共通認識になっています。

興味深いのが、国内外のメディアが発信する情報の違いです。クロマグロの場合は、科学者が集まる国際的な組織が2年に一回、資源についての報告書を公表します。2012年の報告書について、アメリカと日本のメディアが報道した内容がまったく違うのです。アメリカのブルームバーグの記事（2013年1月9日、https://www.bloomberg.co.jp/news/articles/2013-01-09/MGCAA86KLVS001）では「太平洋クロマグロの資源量は過剰な漁獲が影響し、漁獲しなかった場合の水準を96.4％下回っている」と書かれている。クロマグロが激減していて、漁獲規制が不十分だと指摘をしています。一方、日本の読売新聞の記事（2013年1月10日）は「太平洋マグロ、規制継続なら20年で3.6倍に」、産経新聞（2013年1月10日）は「太平洋のクロマグロは2030年に3.6倍に　国際委員会が予測、現行水準で規制続けば」という見出しになっています。

●海外メディアは、絶滅の心配

同じ報告書の報道なのに、アメリカと日本とでは論調が正反対です。この報告書によって、これまで資源が豊富とされているクロマグロが、実はほとんど獲り尽くされていたことが明らかになったので、アメリカの報道の方が私にしっくりきます。日本の報道は、クロマグロが減っているという重要な論点にはあまり触れずに、シミュレーションをやってみたら、最大3.6倍に増える可能性があったという枝葉ばかりがクローズアップしています。同じリポートをもとにしていても、「クロマグロが減ってたいへんだ」というアメリカの報道と、「クロマグロは増える」という日本の報道では、まったく異なる印象を読み手に与えます。

このように国内外で論調がまったく違うことは、漁業の世界ではたく

さんあります。日本の国内メディアは、「消費者の魚離れが深刻な問題であり、消費者はもっと多くの水産物を食べるべきである」と言っているわけですが、一方で世界的に見ると、「魚は減っているから、未来の世代のために残していきましょう」という話をしている。食べたらいいのか食べてはいけないのか、まったく逆のメッセージが、国内外から出てきているのですね。

　矛盾する情報の中で正確な情報を得るには、どうしたらよいでしょうか。ある程度の専門知識が必要かもしれませんが、オリジナルの報告書に目を通すことが重要です。その上で、基本的な統計データを確認することが大事です。国のデータベースなどに出て来る基本的な数字を長期的に追っていくと、どんなことが起きているかがわかってきます。報道は恣意的な抜き取りが出来ますが、統計データは嘘をつきません。

　農水省の食糧需給表という統計から、国民一人当たりの生産量と消費量を計算することができます。図1には国民一人当たりの水産物（食用）の生産量と消費量を示しました。消費量は「粗食量」として、骨など捨ててしまう部分も含めて一人当たり何キログラムを消費しているかを示します。

　生産量は1970年代から減少に転じて、現在はピーク時の半分以下に落ち込んでいます。一方、消費量は昭和の時代を通して増加傾向で推移し、2000年を過ぎたあたりから減少に転じています。日本が自国で水産物をまかなえていたのは1970年代までで、もう何十年も生産が不足していることがわかります。国産の不足分を補っているのが輸入です。日本の漁業が衰退する中で、我々の食卓を支えているのは輸入魚なのです。ところがいま、世界的な水産物の値段がどんどん上がって、2002年から輸入が減少しています。

　安価な水産物がいくらでも手に入ったのは、昔の話。今は、スーパーでも、肉よりも魚の方が割高になっています。魚を食べたくても、なか

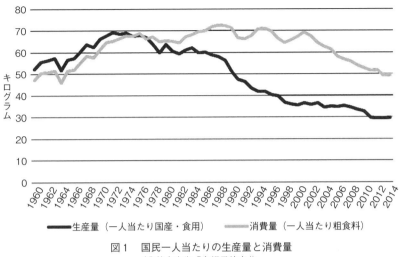

図1　国民一人当たりの生産量と消費量
（農林水産省「食糧需給表」）

なか食べられない時代になっているのです。

3．魚食は日本の伝統か

　魚離れという言葉がメディアに最初に登場したのはいつでしょうか。最近では、新聞の検索サービスが充実し、過去の記事をコンピュータで検索できるようになりました。特定の単語がいつから使われ出したのかを、簡単に調べることができます。朝日新聞に最初に魚離れという単語が登場したのは、1976年の記事です。「魚好き、やっと半数、1匹買わずに切り身で、魚屋よりスーパー利用」といった見出しがついています。これはいまと同じだと思いませんか。

　1976年の記事は、お魚普及協会という水産の業界団体の調査に基づいています。その当時、世界の沿岸国が200海里の排他的経済水域を定めたために、それまで日本漁船が魚を捕れていた水域で漁ができなくなる

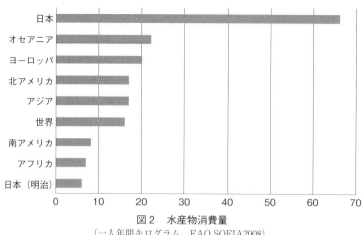

図2　水産物消費量
(一人年間キログラム、FAO SOFIA2008)

ので、魚がどんどん捕れなくなっていくのではないかという危機感がありました(これについては後述します)。しかも、肉の消費も伸びてきていたので、ここで魚を食べてもらうキャンペーンをやろうとスタートしたのでしょう。その後は、水産庁の漁業白書に基づいて、魚離れの記事がコンスタントに掲載されるようになります。では、水産物の消費量はどれぐらい減ったのでしょうか、一人当たりの水産物の消費量統計を見ると、バブル期まで増加をしています。国産魚離れは進んだけれども、水産物の消費自体は伸びていたのです。

●日本人はどのぐらい魚を食べているのか

では、世界的に見ると、日本人はどのぐらい水産物を食べているのでしょうか。国際連合食糧農業機関FAO(Food and Agriculture Organization of the United Nations) では、2年に1回 State of World Fisheries and Aquacultureという世界漁業白書のような文書を出しています。これで水産物の消費量(図2)を見ると、日本は1人当たりダントツに水産物を食べていることがわかります。オセアニア、ヨーロッパ、北アメリカ、

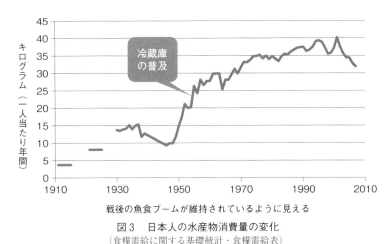

図3　日本人の水産物消費量の変化
（食糧需給に関する基礎統計・食糧需給表）

アジア、世界平均と比べてみても、群を抜いています。

表の下のほうに「日本（明治）」、つまり「明治時代の日本」という項目がありますが、これはFAOの統計ではなく、日本の昔の統計から調べたものをわたしが加えました。

図3が日本人の水産物消費量です。昔は1年間に4キログラムぐらいしか食べていなかったのが、戦後に増えているわけです。江戸時代、あるいはそれより前から、日本人は毎日魚を食べていたというイメージがありますが、実際はそうではなかったようです。明治の日本人はいまのアフリカよりも魚を食べていなかったことになっています。

たとえばみなさんのおじいさん・おばあさん、ひいおじいさん・ひいおばあさんなど、高齢の方が身近にいたら、是非聞いてみてください。「昔、魚を食べていた？」「どれぐらい食べていた？」と。そうした高齢の方のお話を聞くと、昭和1桁生まれの人たちの場合は「正月に鯛を食べたぐらいで、日常はあまり食べてなかった」という人がたくさんいらっしゃいます。それもそのはずです。当時は冷凍技術がありませんでし

た。漁村の人たちは日常的に魚を食べていただろうけれど、日本のほとんどを占める農村部の人たちは、日常的には魚を食べてなかったはずです。

　1人当たりの水産物消費量を見ていくと、戦後急激に増えていることがわかります。高度経済成長期に、冷蔵庫が家庭に普及するのと並行して、水産物の消費も増えていったのです。日本全体が、日常的に魚を食べるようになったのは、冷蔵庫が普及した後の世代です。1950年代から始まった「魚食ブーム」と言っても良いかもしれません。

4．これからも魚を食べることができるのか

　魚を毎日食べることができるのは、とても幸せなことです。ただ、この幸せがいつまでも無条件で続くわけではありません。この状態を維持するには、十分な水産物が供給できるようにしないといけません。

　経済協力開発機構OECD（Organization for Economic Co-operation and Development）の加盟国のなかで、魚を最も多く食べているのがアイスランドです。アイスランドの水産物の自給率は2565％なので、消費量を増やす余地があります。一方、自給率が低い日本では、今後も魚を食べて続けていくことができるかは疑問です。

●日本の漁業は下り坂

　食卓に上る魚がどうなっているのかを考えてみましょう。日本の天然の漁獲量は、戦後、右肩上がりでずっと増えて、1980年代を通して高い水準を保っていましたが、1990年代に入ってから激減しています。1970年代半ばからマイワシとイワシの漁獲量が劇的に増えています。イワシは海洋環境の変化によって大幅に変動する魚で、1970年代ぐらいから爆発的に増えて、マイワシバブルでした。日本経済と同様に1990年前後にマイワシバブルは崩壊しました。

　マイワシ以外の漁獲量は1970年から直線的に減少しています（図4）。

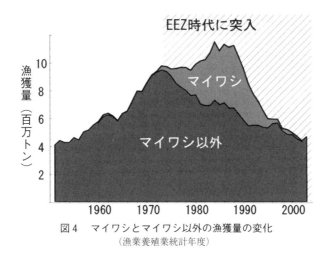

図4　マイワシとマイワシ以外の漁獲量の変化
(漁業養殖業統計年度)

　その理由は、1970年代に、世界各国が200海里の排他的経済水域EEZ（Exclusive Economic Zone）を設定したからです。それ以前は、外国の沿岸に行って、好きなだけ魚が捕れました。戦後しばらくは、日本は海外漁場を積極的に開発することで、漁獲量を増やしてきたのですが、沿岸国がEEZを設定したために海外漁場から撤退せざるを得なくなりました。十分な規制がないままに、多くの漁船を国内漁場に抱え込むことになり、どんどん魚が減って、漁獲量も下り坂になってきたわけです。

　水産庁のアンケートによると、漁業者の9割が魚は減ったと答え、魚が増えたと答える人は0.6％となっています。どこの漁師と話しても、昔は魚をこんなにたくさん捕ったという武勇伝と、それに比べて最近はさっぱり捕れないというぼやきばかりです。

5．日本漁業の乱獲の歴史

　日本の漁業の話をすると、日本の漁師は意識が高いから乱獲しないのではないかと言う人がいます。残念ながら、歴史を振り返ってみると必

ずしもそうとは言えません。

　東シナ海は、中国、朝鮮半島、九州、南西諸島、台湾に囲まれた海域です。いまや中国漁船の乱獲で魚が激減しているのですが、ここに最初に手をつけたのは日本でした。1908年に、蒸気船で底引き網を引っ張る汽船トロールという技術がアメリカから入ってきたのですが、この東シナ海の漁場はなだらかな地底をしており、トロールに適していたわけです。

　日本のマダイの漁獲量は、大正から昭和1桁の時代のあたりで激減しています。汽船トロールが広まって、あっという間に捕り尽くしてしまったからです。10年間ほどで、高級魚マダイやレンコダイ、チダイなどを捕り尽くしてしまいました。高い魚がいなくなったから、次はもう少し安い「つぶしもの」といわれる練り物の材料になる魚にシフトしていった。それもどんどん減りました。

●戦時中に回復した魚を戦後に乱獲

　戦前の1920年から1930年の時代には、魚がほとんどいなくなり、漁獲が減ってしまったのですが、第二次世界大戦で一時的に禁漁しました。軍に船がすべて徴用されてしまい、漁業をできなかったからです。戦争が終わって漁業を始めたら、日本全国で大豊漁だったのです。禁漁していたおかげで、魚が復活していたからなのですが、またどんどん捕って、戦前と同じ失敗を繰り返してしまった。

　戦後の東シナ海の漁獲量を見ると、1950年代から船をどんどん増やして漁獲量が増えていきます。10年ぐらいすると、魚が減ってしまって、漁獲量が減っていきます。1980年ころになると、日本経済が発展したことから、人件費が高くなり、採算が取れなくなって、日本漁船は撤退していきます。そして、そのころから中国漁船が進出して、減少した資源をさらに乱獲しています。

　私は昨年まで三重大学にいたのですが、三重大学では東シナ海トロー

ル実習があります。東シナ海でトロールをやると、いまやほとんどカニしかいなくて、そこにちらほら魚が交じっている状態です。もはや、昔の漁獲統計で見るような豊饒の海とはまったく違う状況になっています。

6．日本人に魚を食べる資格があるのか？

みなさんは日頃口にする水産物の持続性ということをあまり考えたことがなかったと思います。魚をたくさん食べるのが良いことだと教えられて、素朴にそう考えてきたのではないでしょうか。同じように、漁師も魚をたくさん捕るのが偉いことだと教えられて、一尾でも多くの魚を獲るために技を磨いています。持続性を無視した漁獲・消費システムの行き着く先が天然資源の枯渇です。

「日本人はもっと魚を食べなければいけない」といえるような状況ではなく、すでに食べたくても食べられなくなりつつあります。食べたくない人に押し売りするような魚は余っていません。さらに言うと、私たちは魚を食べる資格があるのかを真摯に考えなければいけない事態になっています。

ニホンウナギを例にして考えてみましょう。ニホンウナギは絶滅危惧種になっていて、最近はシラスウナギが捕れてなくなっているということを、メディアで聞いて知っている人も多いでしょう。それに対して世のなかがどういう反応をしているのか。

新聞は、シラスウナギの漁業が規制されると、「ウナギが高くなる」と問題視します。そして、消費者は、「それならなくなる前に食べておこう」と、ウナギを安く食べられる牛丼屋に並びます。業界は、「われわれも生活があるから」と規制に反対し、日本政府はワシントン条約によるウナギ貿易の規制を阻止するために、諸外国に働きかけています。

日本では、消費者も生産者も水産資源の持続性よりも目先の消費活動の継続が優先課題になっているのですが、いくら規制に反対したところ

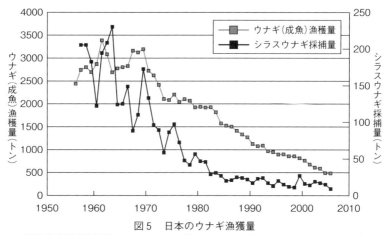

図5　日本のウナギ漁獲量
（農林水産省統計年報、http://www.trafficj.org/press/fisheries/j110712news.html）

で、ウナギがいなくなってしまったら、漁業も消費も維持できないので、元も子もありません。

●ウナギは、日本の魚食の縮図

　ウナギの現状は日本漁業の縮図とも言えます。もともと日本には豊富なウナギ資源があって、豊かな食文化が発達してきました。しかし、戦後の河川改修や漁獲の影響で資源が減っていきました。本来なら、漁獲規制や河川環境の整備を行って、ウナギ資源を回復させるべきでした。しかし、日本は自国のウナギ資源の減少を放置したまま、アメリカやヨーロッパなどからウナギを輸入することで消費を拡大し続けました。ヨーロッパウナギのシラスウナギを中国で育てて、日本で売るルートが確立したために、日本のウナギ消費量は平成に入って急増しました。しかし、我々がヨーロッパウナギを食べ尽くしてしまったために、輸入が途絶えてしましました。八方ふさがりです。

　図5は日本のウナギの漁獲量です。黒色の線がシラスウナギです。シ

ラスウナギは、河口にやって来る赤ちゃんウナギで、これを半年から1年ほど育てて、養殖ウナギとして出荷しています。グレーの線はすぐに食べられる親のウナギ（天然ウナギ）の漁獲量です。

　日本では、親ウナギもシラスウナギも漁獲が減少したために、仕入れ値が高騰し、ウナギ屋の廃業が相次いでいます。減っているのは日本のウナギだけではありません。ヨーロッパのウナギは、われわれ日本人が大量に消費したために絶滅危惧になり、いまも回復していません。ヨーロッパにも伝統的なウナギ料理があります。スペインのバスク地方で、お祭りの前の日に、シラスウナギをパスタのようにして食べる伝統食があるのですが、ヨーロッパウナギが絶滅危惧種になってしまった結果、値段が高騰して、いまや1皿100ユーロするそうで、なかなか食べられません。そこで出てきたのが代替品のスケトウダラです。スケトウダラをすり身にして、背中が黒くて、目もある、細長いキュートなシラスウナギの形に作って売っているのが日本の会社です。日本人が食べ尽くしてしまったウナギの代替品を、これまた日本人が作って売っているという構図になっています。われわれの購買力は他国の食文化に大きな影響を与えるだけの力を持ってしまっているのです。

●日本に魚を食べる資格があるか？

　図6で示されているのは、国内のウナギの生産量と輸入量です。縦軸がウナギの総供給量で、日本人が食べたウナギの量と思ってください。棒グラフのいちばん下の部分が日本産です。その上が台湾産、さらに上が中国産です。中国産にはヨーロッパウナギが多く含まれていました。

　図6を見てもわかるように、日本産ウナギはずっと低空飛行なのですが、台湾、中国からの輸入によって、日本に供給されるウナギの量は昭和60年から平成12年までの間に倍増しました。その結果、ウナギの値段が暴落し、手軽にウナギを食べられるようになりました。ところが、持続性を欠いた乱消費のために、ヨーロッパウナギの輸入が途絶え、供給

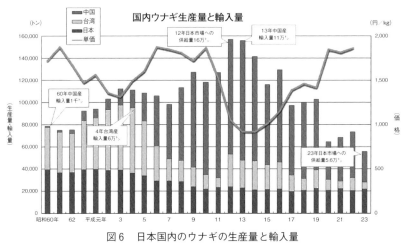

図6　日本国内のウナギの生産量と輸入量
（日本養鰻業漁業協同組合連合会、http://www.wbs.ne.jp/bt/nichimanren/yousyoku.html）

量が激減したために、再び値段が上がっているのです。

　昭和の時代には、ウナギはごちそうでした。遠くから親戚が来たり、なにか特別なことがあったりした日に「今日はウナギにしよう」となる。年に一回か二回食べるか食べないかというような、ハレの日の食べ物だったのです。ウナギを食べに行くことは一大イベントだったのです。ところが平成になって、安い輸入ウナギが入ってきた結果、「ご飯を炊いて温めて載せるだけでいいから、ウナギにしようか」といった、お母さんが手抜きしたい日の手抜き食になりました。お手軽に食べ尽くした結果、いまやハレの日にウナギを食べに行く文化もなくなりそうです。

　消費者は薄利多売のお手軽消費で、魚を食べ尽くしてしまった。漁師は乱獲して魚を獲り尽くしてしまった。つまり、どちらにも持続性という考えがなかったのです。

　持続性を欠いた経済活動のツケは、未来の世代に行きます。この未来の世代のなかには、みなさんもおそらく含まれているでしょう。日本の

大人たちがウナギを食い尽くしてしまったために、みなさんの世代は、ほとんどウナギを食べることができないでしょう。

●文化の根底は持続性

　文化の根底とは持続性です。われわれの営みが、世代を超えてつながっていくからこそ文化です。漁獲・消費の持続性が損なわれた日本の現状が続けば、我々が受け継いできた魚食文化はいずれ衰退していくでしょう。限られた自然の恵みに感謝して、持続的に消費をする。未来の世代に魚を残しながら食べる。こういう本当の魚食文化を日本に根付かせたいと考えています。持続性を無視して、大量に魚を食べる行為は、文化とは対極にある乱食だとは私は思います。

7．衰退する日本の漁業、成長する世界の漁業

　持続性を無視した経済活動の結果として、日本の漁業が衰退していることは、今述べたとおりです。日本の漁獲量を見ると、右肩上がりに上がり、1985年を頂点に下がってくる富士山型になっています。

　では、世界の漁業、特に先進国の漁業がどうなっているかは、ほとんどの人が知らないと思います。世界の漁業はずっと右肩上がりで伸びています。世界銀行が2014年に出したレポート「20年後の地域別漁獲量予想」を見ると、2010年から2030年まで、世界全体では養殖を中心に約25％生産が伸びるだろうと予測されています。世界の主な国と地域を見ていくと、ばらつきはあるものの、漁業生産は増加傾向です。なかでも大きく伸びているのは、インド、中国、東南アジアあたりです。北米やヨーロッパの先進国でも、養殖を中心に漁獲量が増えると予測されています。世界の多くの国と地域のなかで、日本だけ衰退しているという特異的な状況にあるのです。

●アメリカとノルウェーの例

　アメリカ合衆国では、政府が厳しく漁獲を管理しているので、海には

年	食用		非食用		合計	
	1000トン	100万ドル	1000トン	100万ドル	1000トン	100万ドル
2005	3,627	3,825	776	117	4,403	3,942
2006	3,557	3,911	744	113	4,301	4,024
2007	3,397	4,015	825	177	4,223	4,192
2008	3,009	4,231	767	152	3,776	4,383
2009	2,811	3,733	831	158	3,643	3,891
2010	2,960	4,356	773	164	3,734	4,520
2011	3,587	5,108	884	181	4,472	5,289
2012	3,392	4,923	978	180	4,370	5,103
2013	3,648	5,268	829	198	4,477	5,466
2014	3,551	5,256	752	192	4,303	5,448

図7　アメリカ合衆国の漁獲量と生産金額 2005-2014
(アメリカ海洋大気庁、http://www.st.nmfs.noaa.gov/Assets/commercial/fus/fus14/documents/FUS2014.pdf)

魚が豊富にいます。十分な資源量を維持した上で、高付加価値化を進めた結果、アメリカの漁業は経済的に成長しています。アメリカ海洋大気庁 NOAA（National Oceanic and Atmospheric Administration）のレポート（図7）を見ると、漁獲量は横ばいですが、生産金額は2005年から2014年の間に40％も増加しました。自由競争が国是の米国では2002年までは早い者勝ちで魚を奪い合っていました。その結果、漁業が衰退してしまったので、2003年に後述する個別割当方式という規制を導入して、漁業を成長産業に転換することに成功しました。

同じように、漁獲規制が厳しくなっているノルウェーを見てみましょう（図8）。

ノルウェーは人口が少ないため、ほとんど水産物を輸出していますが、輸出金額は右肩上がりに増えています。天然魚も養殖魚も同じような割合で経済的に成長して、国のGDPを押し上げました。ノルウェーでは漁業がもっとも成長している産業です。ノルウェーの輸出金額は、2004

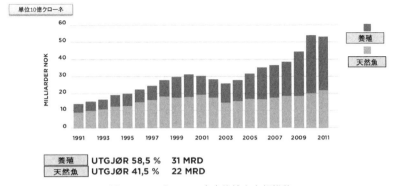

図8　ノルウェーの水産物輸出金額推移
(ノルウェー水産審議会)

年の2,700万ノルウェー・クローネから、2010年には5,000万ノルウェー・クローネを優に超えています。2倍以上に増えたのですが、さらに今後も伸ばす計画です。漁業大臣は、2060年には今の10倍に増える可能性があるとしています。

　じつは1970年代までのノルウェー漁業は、いまの日本と同じような状況でした。第二次世界大戦ぐらいまで、ノルウェーは貧しい国だったのですが、北海で油田が発見されて、一気に税収が潤いました。困っていた漁業者にたくさん補助金をあげたのです。その結果、漁船が大きくなって、あっという間に北海のニシンを捕り尽くしてしまいました。このままではまずいと、ノルウェーは1970年代中頃から厳しい漁獲規制をして、資源を回復させて、いまに至っているのです。ノルウェーは、北海のニシンがピンチになったことで国の政策を転換し、それがきっかけで、魚の資源量が1985年から2005年までの20年間に2.5倍ぐらいに増えました。魚が増えても、以前のように漁獲量は増やしていません。資源を高めに維持して、価値が高い魚を安定供給する戦略に切り替えたのです。

　北欧の漁船はとても豪華で、スポーツジムのような部屋や、ゆったり

としたソファが置かれた空間がある船で漁業をやっています。それはもうかるからです。なかでも儲かっているのがサバ漁業ですが、彼らはサバを日本に売ってもうけているのです。

●排他的経済水域（EEZ）時代の最適戦略

　先ほども言ったように、昔は公海自由の原則があり、沿岸国は200海里の排他的経済水域EEZを設定していなかったので、他国の沿岸で好きなだけ魚を獲ることが出来ました。日本を始めとする遠洋漁業国は他国の漁場を自由に開発し、魚を捕れるだけ捕って、いなくなったら他の場所に移って他の魚を獲るという戦略で漁業生産を増やしていました。資源を潰すスピードと、未利用資源を新規に開発するスピードが釣り合っていれば、漁業経営は成り立ったのです。そのために日本が力を入れたのが、早捕り競争のための技術革新と、新しい海外漁場の開発のふたつです。公海自由の時代には、日本の漁業は世界のチャンピオンでした。ところが各国がEEZをつくったために、世界の好漁場はすべてどこかの国のEEZになってしまい、他国の漁場を積極的に開発するという日本のやり方は行き詰まりました。

　公海自由の時代からEEZ時代に入り、世界の海洋の枠組みが変わると、漁業の最適戦略も変わりました。他国よりもより早く獲ることが重要だった時代は終わり、自国の漁場を持続的に有効利用する時代に切り替わったのです。限られた漁場から持続的に利益を得るには、乱獲を避けて十分な親魚を残すことが大前提です。十分な魚を残すとなると、捕れる量は自ずと限られてくるので、それを高く売るための付加価値付けが重要になります。

　EEZ時代の漁業に必要なのは、資源管理とマーケティングです。このふたつをしっかりやっている国の漁業は成長し、そうでないところは衰退します。日本の漁業は、未だに漁師が競争をして場当たり的に獲ってきた魚をただ並べるだけの販売方法です。残念ながら世界的に見ると

非常に遅れています。

8．漁業政策の違い

　漁師にとって海のなかは、お金がたくさんばらまかれて落ちているようなものです。どういうルールで魚を捕らせるが漁業の持続性や生産性に決定的な影響を与えます。

　日本の場合は早い者勝ち方式だから、あっという間に魚がなくなってしまうので、漁師は小さい魚でもとにかく捕っておこうとします。

　一方、日本以外の多くの先進国では、個別割当制度といって、個々の船が獲れる魚の量が予め決められています。制度によってインセンティブが変わります。たとえば、全ての船が10トンしか魚を獲ってはいけないと決まっていたら、漁師は単価が安い稚魚は出来るだけ獲らずに、単価が高い大型の魚を狙うはずです。漁獲高を船ごとに分けてしまえば、無益な早捕り競争がなくなります。たとえばある船がスタートダッシュをして、魚をたくさん捕っても、自分の枠に達してしまえば、そこで漁は終わりです。漁獲量を増やせないとなれば、単価を上げるしか選択肢はなくなります。ところが、早捕り競争だったら、ライバルよりも早く捕るために、稚魚だろうとなんだろうと、とにかく手当たり次第捕ることになりがちです。価値が低い魚でも、少しでも値段がつけば水揚げしてしまうというムダな競争になってしまう。

　世界の主な先進漁業国では、漁獲枠をあらかじめ人に配る個別割当方式を採用しているのですが、導入していないのは日本ぐらいです。日本の漁業が一人負けしているのも、じつは政策の誤りとして簡単に説明できるのです。

●サバの資源量の変化

　わかりやすいのがサバの資源量です。漁業を無管理のまま続けている日本のサバの資源量は、どんどん減る一方です。資源量だけでなく、卵

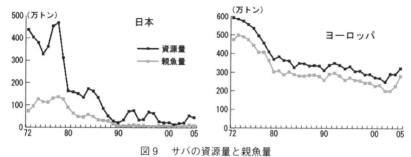

図9　サバの資源量と親魚量
（資源評価票、Report of Mackerel Working Group, ICES CM）

を産める親の量（親魚量）も低い水準のまま横ばいになっています（図9）。これは銀行口座にたとえるならば、元本を食いつぶしてしまっていることになります。取り残したわずかな親が一生懸命に卵を産んで、何とか資源がつながっている状態です。最近は東日本大震災による一時的な漁獲圧の減少などもあり、日本のサバ資源も少し回復してきたのですが、漁獲大半は未成魚であり、本格的な資源回復には至っていません。

　一方、ヨーロッパでは個別割当制度で、きちんと規制していますから、サバの資源量も親魚量も、ここ20年から30年のあいだ、ほぼ横ばいです。親魚量についても、このぐらいに維持しておこうという水準があり、そこから増えた量だけ取っていくという方針で漁業が行われています。つまり銀行口座で言うと、元本を固定して、利子だけで食べている状態です。ですから、ヨーロッパの方が安定して魚を捕ることができるのですが、それだけでなく、親魚をたくさん残しているため、大きい魚を安定して捕ることができるというメリットもあります。

　日本とヨーロッパの漁獲されたサバの年齢組成は、日本の場合、0歳、1歳、2歳が中心です。0歳のサバというのはローソクサバと呼ばれ、スーパーでも見かけない食用にならないようなサバです。日本ではこういうサバさえも獲って、マグロ養殖のえさにしたり、中国やアフリカへ

安い値段で売ったりしています。そして日本人が喜んで食べる3歳以上の大型のサバは、ほとんど捕れません。乱獲→薄利多売→自滅という図式になっているのです。

　一方、ヨーロッパでは、個別漁獲枠制度も設けているし、資源量も高く維持しているため、大きなサイズの魚を安定供給できるのです。なかでもノルウェーは日本人が高く買うサイズのサバを狙って捕って、日本に売ることで高い利益を得ています。

　日本のサバ漁業は、価値が出る前の稚魚を大量に漁獲して自滅をしています。日本の漁師に「魚を大きくしてから捕った方がもうかるのではないか」と聞くと、「それはわかっているけど、自分が獲らなくても誰かが獲ってしまうから、大きくなるまで待てないんだよ」という話になってしまいます。彼らの切実な声は事実です。日本では小さい魚のうばい合いで、大きくなるまで魚が残っていないわけですから。また、船主も乗組員に給料を払わなければいけないし、自分の家族も養っていかなければいけない。だから、小さい魚しかなかったら、小さい魚を捕らなければいけないのです。個々の漁業者には現状を変える力はありません。このような事態に陥っているのは、漁業者のモラルの問題ではなく、きちんとした規制がないためで、とても不幸なことだと思います。

　日本は、自国のサバを1キログラム60円で養殖のえさにして薄利多売をする一方で、ノルウェーから1キログラム300円の食用サバを買ってきています。ばかばかしい話です。日本でもきちんと魚を残せば、2-3年で食用サイズになります。たとえば福島では原発事故以降、福島沖の漁業が自粛し、3年間休漁した結果、魚が3倍ぐらい増えました。日本の漁場の生産性は高いので、少しの期間休むことができれば、ノルウェーが20年かけて3倍にしたよりも、もっと短い期間で増やすことができるし、きちんと規制すれば、漁業は利益を生む産業になるはずです。

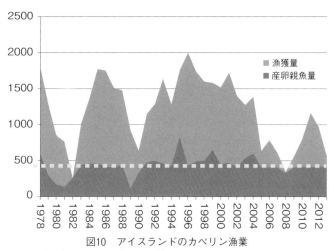

図10　アイスランドのカペリン漁業
(http://www.ices.dk/sites/pub/Publication%20Reports/Advice/2014/2014/cap-icel.pdfに基づいて作成)

●アイスランドの漁業例

　アイスランドのカペリン（カラフトシシャモ）漁業の例を紹介しましょう（図10）。まず、科学者が漁期前に調査をして、40万トンの親魚が残るように捕っていい魚の量を決めます。十分な魚に産卵させて、資源を維持しているのです。2007年には卵の生き残りが悪かったため、2008年には魚が少なく、この年は禁漁にしました。だからすぐにまた回復します。そういう形で卵を残すことを熱心にやっているのです。

　ニュージーランドのホキ（タラの仲間）の場合も同様です。ターゲットとなる量を決めておいて、そのターゲットを下回ると、どんどんブレーキを掛けていきます。さらにニュージーランドでは、ソフトリミットとそれよりもさらに厳しいハードリミットの二重の防衛ラインを引いています。魚の資源量がソフトリミットまで減ってしまうと、漁獲に厳しいブレーキを掛ける。さらにハードリミットまで減ってしまったら、禁漁にする。そういう二重の防衛線で魚を守った結果、目標水準付近に魚

の量を維持しています。

　一方、日本にはそうした防衛ラインが何もありません。ニシン、スケトウダラ、ホッケ、クロマグロなど日本の重要な魚はどんどん減っていっています。国がきちんと規制して、持続可能な魚だけが市場にでてくるようであればよいのですが、実際はそうではありません。だからこそ消費者もきちんと考えなければいけないと思います。

9．ちゃんとした漁業を応援するツール――水産エコラベル

　スーパーに並んでいる魚を見ても、持続的な漁業でとらえた魚とそうではない魚の区別は消費者につきません。そういう区別を消費者に見えるようにしようという試みが、アメリカなどでは進んでいます。

　カリフォルニアにあるモントレーベイ水族館はSeafood Watchというプログラムをおこなっています。これは、さまざまな魚を、漁獲の状況、資源の状況などから、青信号、黄色信号、赤信号に分類しているプログラムです。青信号は、きちんと管理されていて持続的だから食べてよい魚を意味しており、赤信号は、乱獲されているから食べてはいけない、黄色信号はその中間という感じで分類されています。

　そして、実際にこの区別が表示されているスーパーマーケットもあります。たとえば、アメリカの大手スーパーマーケット・ホールフーズの鮮魚コーナーでは、持続性の認証を取ったかどうかというエコラベルの意味が書いてあり、それぞれのアイテムにエコラベルの有無も表記されています。水産物の持続性を気にする人は青信号のラベルがついたアイテムを買うという選択ができるのです。さらにレストランなどでもSeafood Watchと連携して、Seafood Watchの赤信号の魚は使わないと宣言します。持続性を気にする人は、こうしたレストランに行きます。そこでの売り上げの何パーセントかは、このプログラムに寄付されるという仕組みになっているのです。またアメリカでは、ネコ缶にも持続的

なツナを使ったツナ缶もあるほどです。

　業界最大手である海洋管理協議会 MSC（Marine Stewardship Council）のエコラベルが欧米では浸透してきています。たとえばアメリカやカナダ、EU、ロシアのマクドナルドでは、MSC のエコラベルがある魚以外は使わない、あるいはアメリカの最大手のスーパーマーケットであるウォルマートなどさまざまなところが、企業の社会的責任 CSR（Corporate Social Responsibility）として持続的でない水産物はもう買わないとしているのです。つまり、持続性が、一部の物好きの自己満足ではなく、水産ビジネスの中心になりつつあるのです。日本以外の国々では、そういう世のなかになっているのですから、日本も考え方を変えていかなければならないでしょう。

　日本に水産エコラベルが普及するきっかけになるのではと期待されているのが東京オリンピックです。じつは、ロンドン以降のオリンピックでは、大会を持続的なイベントにするために、食品についても持続的な水産物のみを使おうという調達方式を定めています。漁業の持続性に関しては、日本は世界のスタンダードから大きく遅れています。東京オリンピックをチャンスと捉えて、漁業の持続性を高めていきたいものです。

10. 消費者の責任

　今日みなさんに学んで帰ってほしいのは、「消費者の責任」という概念です。消費者の権利というと、みなさんもいろいろと思いつくと思うのですが、消費者の責任というフレーズは日本では聞いたことがないと思います。「お金を払う以上の責任ってあるの？」と思うかもしれません。

　世界消費者機構という組織が「消費者の責務」を挙げています。

　　消費者の責務
　　1　批判的意識 ― 商品やサービスの用途、価格、質に対し、敏感

で、問題意識をもつ消費者になるという責任
　2　自己主張と行動 ― 自己主張し、公正な取引を得られるように行動する責任
　3　社会的関心 ― 自らの消費生活が他者に与える影響、とりわけ弱者に及ぼす影響を自覚する責任
　4　環境への自覚 ― 自らの消費行動が環境に及ぼす影響を理解する責任
　5　連帯 ― 消費者の利益を擁護し、促進するため、消費者として団結し、連帯する責任

　このなかでは第3の「社会的関心」と第4の「環境への自覚」というふたつが大事です。社会的関心というのは、自らの消費活動が他者に与える影響、とりわけ弱者に及ぼす影響を自覚するということです。環境への自覚というのは、自らの消費行動が環境に及ぼす影響を理解する責任ということです。

　社会的関心を持つというのは、たとえば自分たちの消費が、他者（特に弱者）に与える影響に対する想像力をもつことです。ここで大事なのが、他者の選択肢を奪ってはいけないということ。たとえば、いまなら、お金さえを払えば、ウナギを好きなだけ食べることができます。でもその選択肢を我々が選ぶことによって、未来の世代には同じ選択肢がなくなりつつあります。未来の世代も、われわれと同じようにウナギやマグロを食べられるだろうか――そういう想像力をもって、われわれの消費活動を変えていかなければいけないということなのです。次世代だけではありません。いまの時代の海外の人たちがウナギやマグロをこれまでと同じように食べる機会についても、きちんと考えなければならないのです。生産の現場にまで想像を及ぼして、自分たちの消費活動が、自分たちが見たこともない人たちにも影響を与えていることについて、想像力を持ってほしいと思います。

●環境への自覚

　そして環境に対する自覚を持つ。非持続的な消費活動に加担していないだろうか。乱獲された魚を食べることで、未来の選択肢を奪ってないだろうか。ですから、たくさん食べるから偉いのではなく、未来につながるような食べ方について考えていきたいということです。みなさんも、「魚をちゃんと食べよう」と言ったときの、その「ちゃんと」の意味について考えてほしい。それはけっして「多く食べる」ことだけではないことを理解していただければ、ここでお話した甲斐があったと思います。

　漁業の現場に少し関心を持ってもらいたいと思います。魚に限らずなにか食べるときには、生産現場に対して想像力を働かせてもらいたい。たとえば、ネットで比較的簡単に調べることもできるので、食べることの背後にある食糧の生産の現場に関心を持っていただけたらいいなと思います。

　参考図書としては、私が書いた『漁業という日本の問題』（NTT出版、2012年）をお勧めします。日本の漁業の歴史からいまの産業の問題点、特にニュージーランドやノルウェーの漁業政策を含む他国の事例、なぜ日本は方向転換できないのかといった社会的な内容まで盛り込まれていますので、これを読むと、いまの日本の漁業がどうしてこうなってしまったのかがわかります。

　より一般的な参考資料として読んでいただきたいのは、築地の3代目仲卸をしている生田與克さんの『あんなに大きかったホッケがなぜこんなに小さくなったのか』（角川学芸出版、2015年）。1980-1990年代、居酒屋に行くと、とても大きいホッケが安い値段で食べられたので、ホッケというと、安くて大きい魚の代名詞でした。ところがいま、ホッケの漁獲量が減ってしまい、ホッケを頼むと、小さいホッケしか出てきません。どうしてこんなことになってしまったのか。それは魚が減っている

からです。
　こういった本を読んで、食卓の未来について考えて下さい。

日本の食料と農業

生源寺眞一

（しょうげんじ　しんいち）名古屋大学大学院生命農学研究科教授。1951年生まれ。東京大学農学部卒業。専門は、農業経済学。著作に『現代日本の農政改革』（東京大学出版会、2006年）、『日本農業の真実』（ちくま新書、2011年）『農業と人間』（岩波現代全書、2013年）などがある。

こんにちは。名古屋大学の生源寺です。

「日本の食料と農業」という漠としたタイトルの講義ですが、今日は俯瞰的な情報を提供しながら、切り口をやや鋭く設定しようとも考えています。みなさんのなかに農業に直接関係されている方はおそらく少ないでしょうが、「こんなつながりがあるのか」「こういうふうに考えてみるのか」「いや、それはちょっと違うのではないか」などと考えるヒントになるように、少し刺激的な議論をさせていただければと思います。

1．はじめに

今日の講義は3つのパートで構成しています。最初に俯瞰的な話として、世界の食料と日本の食生活の問題について、次に日本の農業とその新たな挑戦について、お話しします。私は農業政策にもかなり関与していますが、今日は政策に直接触れることは避けながらも、日本の農業や農村がもつ、政策が問題にせざるを得ない難しい要素についても触れるつもりです。同時に、いま、若い人や女性によってはじめられている、これまでにないような農業のチャレンジにも言及したいと思います。

3番目は、農業・農村とつながる楽しさについてです。このパートでは2つの要素をお話しするつもりです。日本とヨーロッパの農業には共通項があり、農村と都会の距離が近いという構造を持っています。みなさんも、その気になれば農業・農村の深い部分に触れることができるというお話をいたします。

　もうひとつ、農業・農村に触れることで、私自身も勉強になった面があります。政治学や経済学の分野では、たとえばゲームの理論や囚人のジレンマといった話題があり、共同行動の大切さが論じられています。それを日々実践している、あるいは実践してきたのが農業・農村であり、共同行動の大切さは農業・農村の現場では当たり前のことになっています。そんなことにも少し触れてみたいと思います。

2．世界の食料
●不足と不安定に転じた世界の穀物市場

　私が学生だった40年前にはとても考えられなかったことですが、世界の、あるいは日本の統計データには、いまやだれでも簡単にアクセスできます。例えば国際連合食糧農業機関FAO（Food and Agriculture Organization of the United Nations）のサイトに入っていけば、どんなデータでも見ることができます。ただし数字のデータが多いので、グラフにするためには自分で多少の加工をしなければいけません。

　図1は、FAOのFood Price Index（食料価格指数）をもとに、1990年から2015年までの穀物の価格指数を月別で表しました。じつは日別では、もっと大きな振れがあるのですが、月別で比較的穏やかになったものでも、2007年、2008年以降はずいぶん様子が変わっています。2007年、2008年に食料の国際価格が急騰しました。日本国内でも乳製品がなくなった、あるいは小麦の製品が値上がりした、納豆の分量が減って実質値上げになったなどと話題になりました。じつは、これが世界の食料の1

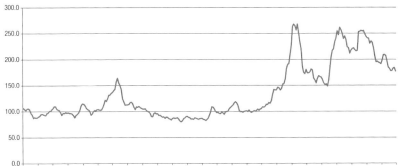

図 1　世界の穀物価格指数の推移
（FAOのFood Price Index
注：2002年から2004年の平均価格を100とする各月の指数）

つの転換点だったのです。

　価格が高騰する以前の2002年から2004年の平均穀物価格指数を100とすると、2007年、2008年には250まで、瞬間的には350ぐらいまで高騰したのです。その後、いったんおちつくものの、150程度で元の低いレベルには戻っていません。そして、2010年から2011年にかけて、再び穀物価格は高騰しています。じつは、このときは日本でそれほど大きく報道されませんでした。それには理由がふたつあります。ひとつは円高です。2010年から2011年にかけては、1ドル70円台の後半だったので、ドル・ベースで高くなっても、国内の価格になると圧縮されて比較的影響が小さかったのです。もうひとつは震災です。3月11日の東日本大震災によって、当然のことながら、報道も震災一色になったことはご承知の通りです。しかし、世界的に見るならば、2010年、2011年の価格はかなり上がっていたのです。

　最近では、昨年、一昨年と2年間続けて、世界の穀物の生産量は記録を塗りかえました。2年連続して史上最大の豊作だったのです。

　にもかかわらず、図1にあるように、穀物価格の水準は150から200の

あたりにとどまっています。これが意味するところは、豊富に供給される状況になっても、価格はそれほど下がらないということです。需給が市場経済のもとでバランスする、そのバランスのレベルがずいぶん上がっているわけです。また、2007年、2008年以降、価格の上下動が激しくなり、市場は安定感を欠いています。これが現在の穀物市場の状況なのです。

　穀物に限ったことではありません。FAOからは、乳製品や肉などについてもこの種の価格データが得られますが、だいたい同じような状況です。1980年代、あるいは1990年代には、穀物をはじめとする農産物の国際市場は安定していて、価格もほとんど横ばいでした。全般的な物価の上昇を考えると、むしろ実質的には下がっていたという評価すらあります。しかし、2007年、2008年以降、需給がバランスする水準が上昇し、しかも、価格が短期的に大きく振れる状態になっているのです。

●価格高騰が直撃した途上国の貧困層

　こうした価格高騰による最大の問題は何かというと、途上国の貧困層の食料確保です。FAOでは以前から栄養不足人口の推計を行っていましたが、2012年の秋に1990年までさかのぼって全面的に推計をやり直しました。2007年から2009年の3年間についての平均推計値を見ると、8億6,700万人の栄養不足人口でした。栄養不足人口とは、身体活動のレベルが低い状態であっても、その活動に必要なカロリーが摂取できない人の数です。2007年の世界の人口は67億人でしたので、8人に1人が栄養不足人口というわけです。先進国は全体の1.5％にすぎず、大半は途上国の人びとです。

　では、途上国のうち、どこに栄養不足人口が多いかというと、サブ・サハラ・アフリカ（サハラ砂漠以南のアフリカ）、南アジア（インド、バングラデシュ、パキスタンなど）です。私はバングラデシュに調査で訪れたことがありますが、たいへん貧しい国です。空港から出た途端に、

乞食の子どもが周囲に寄ってきたという体験が生々しく記憶に残っています。

　われわれが住んでいる東アジアでは、2007年から2009年の時点で栄養不足人口の数が1億6,900万人という推計になっています。これはどこでしょうか。ぱっと思い浮かぶのは北朝鮮だと思います。ただ、北朝鮮の人口はこんなに多くありません。じつはこの数字の大半は中国です。中国では、沿海部を中心に経済成長が注目されています。これは事実です。私も直近では2015年4月に中国沿海部を中心に1週間ほど訪問しましたが、本当に豊かになっています。ただ、中国の南方、西方、北方には、貧しい食生活の人びとがまだまだたくさんいます。

　私は4年前に名古屋大学に移ったのですが、その前の東京大学の時代には10年間ほど雲南省を研究上のフィールドにしていました。雲南省の農村部に入っていたのですが、そこに住む人たちは質素な食生活を送っていました。一度、農家でお昼ご飯をごちそうになったことがあります。雲南ですから、お米は潤沢にあるのですが、おかずは白菜を塩ゆでしたものと落花生を煮たものだけでした。お米をたくさん食べて働くことはできるものの、ふだんは肉類や乳製品を味わうことができない。それが普通だという地域が中国にはまだあるのです。

●楽観を許さない今後の食料市場

　貧困層の人びとは、価格の高騰によって大打撃を受けます。今後、アジアを中心に経済成長が進めば、おいしいものを食べることができる人は確かに増えていくでしょう。たいへんよいことだと思います。ただ、それが意味するのは、食料に対する需要が膨らむということであり、膨らんだ需要が価格をさらに押し上げます。その結果、その価格では食べることができない人たちも出てきます。

　そういう意味では、われわれ人間は、おいしいものを食べるためには経済の成長が必要だと考え、現に経済を成長させ、おいしいものを食べ

るようになっているわけですが、そこには自分で自分の首を絞めているところもあると、ひと言申し上げておきます。

● 改善傾向にあった栄養不足人口

2012年に行われたFAOの推計の全面見直しの結果、じつは栄養不足人口は着実に減少してきたことが確認されています。ただ同時に、FAOは、確かにこれまでは着実に改善されてきたものの、2007年、2008年の状況、あるいは2010年、2011年の状況を見ると、けっして楽観視はできないという警告も発しています。これまでは順調だったが、今後も順調にいくかどうかは、むしろわれわれの努力次第だということを強調しているのです。そのこともここで申し上げておきます。

3．日本の食料

● 海外に依存する日本の食料

さて、いきなり世界の食料不足、あるいは不安定という話をしました。しかし、みなさんがそれを実感することはほとんどないと思います。日本の食料は潤沢に存在していると言ってよいのですが、少し基本的な数字を示しておきたいと思います。

日本の食料自給率の推移を見ると、1960年当時は80％から90％という状況だったのが、いまではずいぶん下がっています。自給率にはいくつかの種類がありますが、もっとも接する機会が多いのは図2のグラフの真んなかの系列です。供給熱量ベースの自給率、あるいは簡単にカロリー自給率といいます。

自給率そのものは単純なコンセプトです。国内で消費されている食料を分母にして、そのうち国内で生産されている食料を分子にして、割り算をすればよいのです。ただし、食料全部について集計して割り算をするとなると、その集計の手順はそう簡単な話ではありません。

いま、日本で行われているのは2種類の集計です。

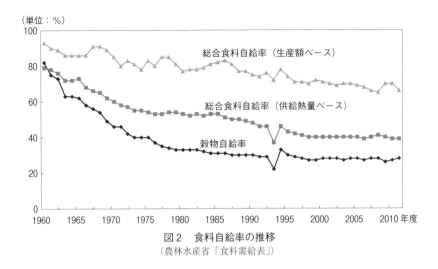

図2　食料自給率の推移
（農林水産省「食料需給表」）

　ひとつがいま申し上げた供給熱量（カロリー）による集計です。つまり食料のなかに含まれている熱量を物差しに集計して割り算をする。その結果が、現在は39％です。

　もうひとつは経済的な価値（価格）を物差しに集計する方法です。これが図2の上の系列の生産額ベースの自給率です。こちらも徐々に下がってきています。ただし、どちらの自給率も下がりましたが、供給熱量ベースについては、平成の時代に入ってしばらくして以降はほぼ横ばいです。つまり、カロリー自給率は昭和から平成の初めにかけて下がってきましたが、その後は横ばいの状態にあるわけです。

　図2には穀物の自給率も示されています。穀物はわれわれの主食であり、家畜のえさにもなる基本的な食料なので、穀物の自給率が問題にされることが多いのです。穀物は重さで集計する方式が定着していますから、国際的なデータの比較もやりやすいのです。近年の日本の穀物自給率は20％台の後半で推移しています。

世界の食料にかなり不安定な状況が生まれているなかで、自給率がずいぶん低く、とくにカロリーでは4割ですから、ここをどう考えるかがひとつの大きな問題になります。少し前に指摘しましたが、昭和の時代にカロリー自給率は下がったものの、平成の時代には横ばいになっています。この推移を見ると、昭和の時代に日本の食料生産はずいぶん小さくなったけれども、平成に入って結構頑張っているという印象を受けるかもしれません。しかし、じつは「昭和の時代にずいぶん小さくなった」という評価も、「平成に入って結構頑張っている」という評価も間違っています。

　昭和の時代には、品目にもよりますが、農業全体を集計すると生産量は伸びていました。漁業も伸びていました。にもかかわらず自給率は下がったのです。分子にあたる国内生産は伸びていたわけですが、割り算の結果は小さくなってしまった。これは「国内で消費されている食料」、つまり分母が分子以上に膨らんだ、すなわち食べ方が極端に変化したからなのです。この点についてはすぐ後で多少のデータをお示しします。

　一方、平成の時代に入ると、年齢が高くなり、また最近では人口が減りはじめています。つまり、分母にあたる人びとの食料の消費量が小さくなりはじめているのです。だとすると、仮に農業生産や漁獲高が横ばいであれば、自給率は上がってもいいはずです。しかし、実際には横ばいです。これは、食べ方が小さくなっているのと歩調を合わせるかのように、日本の農業生産あるいは漁業高が小さくなっているからです。農業の力あるいは漁業の力という意味においては、平成時代のほうが心配な状況なのです。

●自給率低下の主因は食生活の変化

　私は1951年生まれで、日本の食生活の変化を実感として振りかえることができる世代に属しているわけです。高度成長がスタートした1955年を基点として、食料消費が半世紀後に何倍になったかについて計算して

みました。私が幼稚園に入る直前の1955年には、年間1人当たりの肉の消費量は3.2キログラム、つまり1日10グラム以下が平均でした。いまはほぼ年間30キログラムです。

　正確に半世紀で何倍になったかを計算してみると、肉類については8.9倍です。卵は4.5倍、牛乳・乳製品は7.6倍、油脂類は5.4倍です。とにかくたいへん大きな食生活の変化がこの国に起こったのです。また、これだけ大きな変化はアジアに特有の現象と申し上げてよいかと思います。

　じつは私は、西ドイツの1人当たりの食生活の変化を調べたことがあります。西ドイツも第二次世界大戦の敗戦国であり、戦後めざましい成長を経験したという意味では、日本と似ているのです。1960年の時点と西ドイツが東ドイツと合体する直前の1988年を比較してみました。西ドイツでも食料消費量が確かに伸びています。肉類も卵も伸びていました。ただ伸び方は3割から5割増しといった程度にとどまっていたのです。これに対して、日本は5倍とか8倍といった変化です。この急激な変化は、いわばお米を中心に野菜とわずかなタンパク源だけで働いていたアジアの食生活に、和洋中華なんでもありのぜいたくな食生活が登場したことによって生じたものです。ヨーロッパはもともと洋食です。それが多少ぜいたくになったとしても、がらりと食べ方が変わることはなかったわけです。

●半世紀で実質所得は8倍に

　この大きな変化の背景にあったのは、所得の上昇です。1955年から2005年の半世紀に物価の上昇分を差し引いた、ひとり当たりの実質GDPは8倍に増加しています。名目ですと、40倍以上です。つまり、この国は半世紀のあいだに、1人当たりで8倍もの財やサービスをつくり、8倍もの財やサービスを消費するような成長を経験したのです。実質所得の何倍もの増加があって、食べる量もがらりと変わったのです。

●買い方・食べ方も変わった日本の消費者

　日本の食生活において、肉類が９倍になった、乳製品が８倍になったというように、素材としての食料の消費量に大きな変化が生じたことを確認しました。しかし同時に、買い方や食べ方もずいぶん変わりました。

　2005年の産業連関表という統計から推計した直近の図３のデータによると、同年にこの国で飲食費として支出された額は約74兆円です。この年のGDPはほぼ500兆円でしたから、そのうちの15％ぐらいが飲食費として支出されていることになります。これは非常に大きな金額です。ただ、そのうち、生鮮品に支出されているのは２割以下です。この場合の生鮮品には米や肉なども含まれています。そして、加工品への支出が５割、外食が３割という状況になっています。

　いまから紹介するデータについて、みなさんは本当だろうかと疑わしく思うかもしれません。農家の人に話しても、最初は驚かれる方が多いのですが、飲食費の支出である74兆円に対して、原料になる農産物や水産物がどれくらい投入されているかというと、国内生産が９兆4,000億円です。外国からの輸入もあります。生鮮品の輸入が１兆2,000億円です。さらに１次加工品や最終製品も輸入されていて、そのなかにも原材料の価値が当然含まれているわけですが、それらをすべて足しあわせても、原料になる農産物と水産物の総額は15兆円を超えません。つまり15兆円以下の原材料が74兆円の最終生産物になっているのです。それがこの国の食の実態です。

　ときおり新聞のコメントなどでも見かけますが、日本のエンゲル係数、つまり所得に占める食費の比率が高いのは、農産物の価格が高いからだと言われることがあります。もちろんそういう面は否定しません。けれども、国産の農産物と水産物が全体の価格の形成に関与できるのは74兆円分のうちの９兆円強なのです。ですから、エンゲル係数をめぐる議論の粗雑な部分も感じていただけるかと思います。

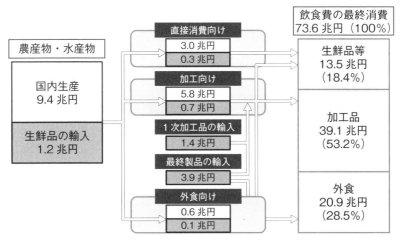

図3　農産物・水産物の生産から食品の最終消費に至る流れ（2005年）
（総務省ほか「平成17年産業連関表」を基にした農林水産省の試算）

● 着実に拡大した食品産業の雇用

　9兆円、あるいは15兆円が74兆円になる。農家のみなさんからは「われわれが作っている農産物の価格と消費者が払っている価格にあまりにも大きな差がある。その中間で誰かがすごくもうけているのではないか」という疑問が当然出てきます。確かにそういう面があるかもしれません。農業側と食品産業側で、たとえば価格の交渉などを行った場合、私の実感としては、やはり農業側はまだ弱い。食品加工などのビジネスに従事する方々は、ある意味では百戦錬磨ということもあって、農業側が低価格に甘んじている面がないとは言えません。

　ただ、それだけではないのです。実際には、農産物や水産物を加工する食品製造業、あるいはそれを食事の提供に結びつける外食産業、さらにはそのあいだをつなぐ食品の流通業の分野で働いている人の数が多くなっているのです。15兆円と74兆円の間の差額には、こうした人たちが働いてつくり出している付加価値という面があるのです。

1970年に、農業・水産業で働いていたのは1,000万人です。これに対して食品産業は500万人でした。2対1です。それが2010年になりますと、完全に逆転しています。農業・水産業は300万人、食品産業は800万人という構図です。つまり、食品産業で働いている人によって形成されている付加価値が、74兆円のかなりの部分を占めているのが実態です。

　食の産業は、この国の雇用機会を確保する意味でも重要です。ただし、ここまで言うと少々踏み込みすぎかもしれませんが、食品の製造業の利益率は平均的には低いのです。けれども、安定しています。たとえば2008年秋のリーマンショックの後、業種別に見ると、製造業全体の業況感はがた落ちでした。しかし、食品製造業はちょっと落ちたかなというぐらいで済んでいたのです。

　もうひとつ、食品製造業は地元の食材を利用して仕事をしている場合が多いので、調子が悪いからといって外国に飛んで逃げていくことができるような性格の産業でもありません。地方に立地している割合が大きいこともあって、食品の製造業を中心とする食品産業は、地方の雇用機会を支える役割を果たしています。全体として大もうけはできないけれども、安定している。地域に密着している点でも、重要な位置を占める産業なのです。

　食品の製造・流通あるいは外食の産業が発達するのと同時に、外国からも多彩な食料が入ってくることによって、われわれの食生活は本当に豊かになっています。食品には両極端のふたつの性格が同居しているわけですね。はじめに私は栄養不足人口について話しました。食料には「これ以下では生きていけない」いうミニマムのラインが存在する。その意味では絶対的な必需品です。しかし同時に、みなさんが買い物に行けばわかるように、とくに加工品については、同じ品目でもたくさんのアイテムがあります。食品は毎年数万個もの新しいアイテムが出てきて、残るのはそのうち数パーセントだといわれています。それだけ幅広い選

択ができるのが食品です。絶対的な必需品でもあり、高度に選択的な財でもある点が、食料・食品の重要な性格なのです。

その両面を、急ぎ足でお話ししてきたわけですが、日本の場合には幸い高水準の所得があります。外国から買うこともできます。かつ、加工、流通、外食の産業が発達して、たいへん豊かな生活を送っているのです。

● 食と農の距離の拡大

ただ、この日本でも考えなくてはいけない問題もあります。

1つは、食と農の距離の拡大です。まず、輸入食料が増えたこともあって、空間的な輸送距離が拡大しました。そして加工は1次加工、2次加工、3次加工、場合によってはそれ以上の段階の加工まであるような時代です。つまり、原材料を作っている農業や漁業とわれわれの食卓のあいだには、たくさんの企業、組織、人間が介在する状況になっています。この点については、産業連関論的にも距離が広がってしまったといってもよいでしょう。これもわれわれの豊かな食生活を支えているわけです。

でも、考えるとちょっと不安ですよね。「これ、食べ物としておいしいけれど、どこでできたものなのだろう」「ちょっと妙なものが入ってないかな」と思ったとしても、直接その答えを知ることができないような世界になっているのです。

● 食料・食品に強まる情報のギャップ

現代の食の1つの問題は情報のギャップです。情報量という意味では、供給する側は専門的な知識・情報を潤沢に持っています。しかし一般の消費者にとって、食品から直接知ることができるのは、実物を見ることや食べることから得られる情報だけであって、それ以外は情報として添えられていなければ、知ることができない世界になっています。

また、食品製造業でも、流通業でも、企業には専門家がいます。しかし、消費者は専門家ではないため、情報を提供されても、それを理解す

ることができません。私は農業経済学、食料経済学が専門で、文系の人間です。食品の品質に関する科学的な情報を見てもほとんどわかりません。情報の咀嚼力やリテラシーに大きなギャップがあるという問題も生じているのです。

4．日本の農業──新たな挑戦
●最大の課題は水田作

　ここから農業の問題に移っていきたいと思います。食料あるいは食品の問題は、みなさんが毎日経験していることなので、数字で示されると、「ああ、そうかな」「自分の食生活とこの部分は合っているな」などと、実感できる部分もあったかと思いますが、農業についてはあまりご存じない方が多いのではないかと思います。限られた時間ですが、日本の農業の問題点とチャレンジについて解説したいと思います。

　日本の農業の最大の問題は稲作ないしは水田農業です。稲作、水田農業は日本、あるいはアジアの農業のいわば根幹を成す部門です。われわれが食べているお米の自給率は95％で、毎日の暮らしを支えてくれているのですが、そのお米づくりの農業が危機的と言っていい状況なのです。

　少し古いのですが、複数の統計を組み合わせた興味深いものですので、2006年のデータを持ってきました（図4）。10年近く前のデータですので、いまから申し上げることは、現在さらに進んでいるという言い方もできるかと思います。

　2006年の時点で水田で耕作しており、しかもある程度販売も行っている農家のうち7割の作付け面積は1ヘクタール未満でした。1ヘクタールは100メートル×100メートルです。結構広いですね。けれども、この面積では水田作で生活することはできません。農業所得は、あったとしてもわずかなものです。つまり、1ヘクタールの水田農業はほとんど経済的に意味のない仕事なのです。戦後しばらくのあいだは1ヘクター

作付面積	水稲作付農家戸数	同左割合	経営主の平均年齢	年金等収入	農外所得等	農業所得	総所得
	（千戸）	（％）	（歳）	（万円）			
0.5ha未満	591	42.2	66.7	239.2	256.5	－9.9	485.8
0.5〜1.0	432	30.8	65.7	209.4	292.0	1.5	502.9
1.0〜2.0	246	17.5	64.6	153.8	246.4	47.6	447.8
2.0〜3.0	67	4.7	62.3	110.2	218.5	120.2	448.9
3.0〜5.0	39	2.8	61.4	113.2	180.8	191.0	485.0
5.0〜7.0	21	1.5	58.3	68.2	147.5	304.5	520.2
7.0〜10.0			58.7	77.9	115.9	375.6	569.4
10.0〜15.0	5	0.4	55.7	48.9	151.1	543.3	743.3
15.0〜20.0	2	0.1	52.6	45.1	69.7	707.4	822.2
20.0ha以上			53.3	52.8	116.2	1,227.2	1,396.2

図4　水田作農家の規模別概況（2006年）
（農林水産省「農業経営統計調査（個別経営の営農類型別統計）」「農林業センサス」
注：農業にタッチしない世帯員の所得は、一部を除いて表の所得の欄には含まれていない）

ルで十分食べていけました。しかし現代の日本ではまったく食べていくことはできません。こうした農家の皆さんは、兼業農家として、農業以外の仕事を中心に暮らしているのです。

　いまは田植機が普及していますから、1ヘクタールの田んぼであれば1日で田植えができてしまいます。そういう意味で負担が軽減されていることもあって、兼業農家でも十分やっていけたのです。農業所得はほとんどゼロであっても、兼業で世間並みに十分稼いでいるというかたちでした。

　ただし、団塊の世代あたりからさらに若い団塊ジュニアの世代にかけて、農業との接点が小さくなってきました。兼業農業は全体として世代の交代に失敗しているのです。1ヘクタール未満の農業経営者の平均年齢は60代後半です。しかも、これは10年近く前のデータです。今年（2015年）の2月には農業と林業の国勢調査といわれる農林業センサス

という統計調査が行われており、この年齢はさらに上がっていると思われます。もちろん若くて頑張っている人もいます。しかし大勢としては60代後半、というのが水田農業の実態です。

今後は高齢化した農家がリタイアします。その農地を引き受ける人がいるかどうか。そこが日本の水田農業には問われているのです。高齢化が顕著な農業については、さまざまな議論があります。なかには、300から400ヘクタール規模のアメリカ型農業でいけば、日本も十分にやっていけるのだから、むしろ農家はどんどん減ったほうがいいという説もあります。あるいは、平均面積が3,000ヘクタールを超えるオーストラリア型農場を目指すべきだという話もないことはありません。

私はそうした意見にくみするものではありません。確かに、現代の農業技術あるいは経営者の能力を十分に発揮できる規模の水田農業への移行は必要です。現在、日本の稲作の平均面積は1ヘクタールですが、この規模では農業技術や経営者能力が十分に発揮できるとは思えません。趣味の農業や定年後の楽しみの農業という場合なら、1ヘクタールでも、それ以下でもいいでしょう。けれども、職業として家族を養って、またこの国の食を支えるのであれば、1ヘクタールではまったく足りません。10ヘクタール、20ヘクタールといった規模が必要なのです。繰り返しますが、アメリカやオーストラリアのような新大陸型の農場を目指すことは現実的には不可能だと思いますし、後述するように、農村のあり方からいっても不適切だろうと判断しています。けれども、現状を放置することも許されません。

日本の農業の悩みは深いのです。みなさんも、新聞の報道などで農業の問題に触れる機会があると思います。しかし、よく考えてみると、アジアの国々が直面しつつある、あるいは今後直面する問題に、日本の社会は一歩先んじて向き合ってきた、という言い方ができるだろうと思います。幸か不幸か、日本の社会はこれまでアジアの成長の先頭ランナー

の役割を担ってきました。したがって、問題にも最初に向き合うことになりました。いま、私たちは稲作農業をどうするかについて悩んでいるわけですが、これはいずれアジアのほかの国も悩む問題になるでしょう。韓国や台湾はすでに同じような悩みを抱えています。

　日本の制度や政策が良い形の解決策を提示すれば、ほかの国にもおそらく参考にしてもらえるでしょう。しかし、残念ながら良い形の解決策を見いだせなかったならば、「日本はネガティブ・レッスンを提供している国だ。ああいう国になってはいけない」と評価されると思います。つまり、反面教師として、ほかの国々に伝えられることになるでしょう。

●一律に論じられない日本の農業

　ここまで水田農業が問題だと論じてきました。ただ、付け加えておかなければならないことは、日本の農業を一律に議論することはできないということです。

　日本の農業にも大きな成長を遂げてきた分野があります。それは、ガラスハウスやビニールハウス、植物工場などの施設園芸です。あるいは酪農や肉牛、あるいは養豚、養鶏といった畜産も成長を遂げた分野です。これらの部門はたいへんなスピードで規模を拡大してきました。農業といっても、水田農業とガラスハウスの施設園芸ではまったく違うと考えていいのです。

　土地当たりに投入される労働や資材の量が多い農業を「集約的農業」、そうでない農業を「粗放的農業」という言い方をします。稲作で10アールの土地に年間投じられる労働時間は平均してほぼ30時間です。一方、トマトなどを生産しているガラスハウス10アールに投入される労働時間は、まちがいなく1,000時間を超えます。2,000時間もごく普通です。つまり、労働の投入量で言うと、100倍近い差があるのです。同じ農業といっても、じつはこれだけの違いがあることを申し上げておきます。

●対照的な稲作と酪農——都府県と北海道

　酪農と稲作について、1960年から2010年までの規模拡大の状況を確認してみると、稲の平均作付面積は55.3ヘクタールから105.1ヘクタールで、倍にもなっていません（図5）。この期間にも何倍もの実質所得の上昇が生じていますから、農業だけでは人並みに暮らすことができないので、兼業農家に移行していったのです。一方の酪農を見ると、乳用牛頭数は2.0頭から67.8頭へと30倍以上になっています。

　稲作を念頭に日本の農業を議論するのと、施設園芸あるいは畜産を念頭に日本の農業を議論するのでは、まったく違った結論が出てきてしまうのです。この点にも関連して、やや視点が変わりますが、水田農業に代表される土地利用型農業と、集約型の農業をうまく組み合わせることの重要性も指摘しておきたいと思います。

　次に都府県と北海道の経営耕地面積を比較してみましょう。北海道の農村部では農業以外に働く機会が少ないのです。したがって兼業農業のスタイルが難しかったわけです。農業の規模拡大が難しい農家は離農します。つまり、その農村から離れて、別の仕事に就き、村に残った農家がその農地を引き受けて規模拡大するというプロセスがありました。

　こうした事情によって、北海道の経営耕地面積は、この半世紀で3.54ヘクタールから21.5ヘクタールへと6倍に拡大しています。これは、西ヨーロッパの農業の規模拡大のテンポをかなり上回るテンポだったのです。この点からも日本の農業を一律に議論することはできないことがわかります。

　もうひとつ言えることですが、北海道のケースや土地をそれほど必要としない施設園芸、畜産のケースなどを見ると、日本の農業者は条件さえ与えられれば、国際的にまったくひけを取らないパフォーマンスを残すことができるのです。私がこの分野で研究・教育に関わって40年になりますが、その結果としての見立てですので、確信を持って申し上げて

	1960年	1970年	1980年	1990年	2000年	2010年
稲作付面積（a）	55.3	62.2	60.2	71.8	84.2	105.1
乳用牛頭数（頭）	2.0	5.9	18.1	32.5	52.5	67.8
経営耕地面積（ha） 都府県	0.77	0.81	0.82	1.10	1.21	1.42
経営耕地面積（ha） 北海道	3.54	5.36	8.10	10.8	14.3	21.5

図5　農業の規模（稲作と酪農、都府県と北海道）
（農林水産省「農業センサス」）

注：1990年以降の経営耕地面積と稲作付面積は、販売農家（経営耕地面積が30アール以上または農産物販売金額が50万円以上の農家）の数値である）

おきたいと思います。

●大切なのは経営の厚みを増すこと

　土地利用型農業には、ある程度の面積が必要です。1ヘクタールで生活することができた時代は、半世紀も前のことです。けれども、面積の規模拡大だけではなく、同時に経営の厚みを増すことが新たなチャレンジである点を強調したいと思います。

　先ほど、稲作のような土地利用型農業と集約型農業を組み合わせることが大事だと申し上げましたが、これが厚みを増すひとつの戦略です。稲作を営みながら、ほかの品目を組み合わせることで、優れた経営をつくり出している農家はたくさんあります。

　私は仕事柄、作物の組み合わせという点でも、優れた農業経営者と接する機会に恵まれています。典型的な例としては、たとえば山形県の稲作と果樹の組み合わせ、あるいは長野県のキノコと稲作の組み合わせがあります。ほかにも、肉牛と水田農業をうまく組み合わせた結果、肉屋さんまではじめた農家もいます。組み合わせによって経営の厚みを増すことがひとつの戦略なのです。また、水田農業だけの場合、田植えと稲刈りの時期は忙しいのですが、それ以外は時間を持て余すことになります。手のすいた期間を有効に生かすためにも、複数の品目を組み合わせることが大事なのです。

●消費者に接近する農業経営

　農業経営だからといって、産業分類上の農業にビジネスの領域を限定する必要はまったくありません。むしろ先ほど解説した食品産業を農業経営に取り込むことも重要になっています。すなわち、農産物の加工つまり食品製造業や、自分自身による販売つまり食品流通業にウィングを広げるのです。女性が頑張っている農家レストランのように、食事を提供する分野もあります。これは外食産業です。つまり加工、流通、外食といった食品産業を農業経営に取り込むことも、厚みを増すための有力な戦略だろうと思います。

　もちろん簡単なことではありません。加工したものの、たとえば値段の付け方を間違えてしまうと、あっという間に売れたけれど、もうけがないこともあるし、反対にまったく売れないこともあります。本当に難しいところがありますが、重要な戦略であることは間違いありません。思い起こしてください。農産物や水産物の価値は15兆円以下なのに、消費段階の最終的な価値は74兆円になっているのです。あいだに広がる付加価値形成の領域をどのセクターが確保するかが、マクロ的には問われていると言ってよいのです。

　もうひとつ言えることは、加工したり、自分で販売したり、食事を提供したりすることは、じつは生産者である農業者自身が農産物あるいはその加工品について、自分で値段を決めることができることを意味します。そんなことは当たり前と思うかもしれませんが、農業の場合は、農協を通じて出荷し、卸売市場で値段が決まるやり方を、基本的に踏襲してきたわけです。ですから、自分で値段を決めて、その結果を自分で引き受けるやり方は、ある意味では自己責任の世界でもありますが、新たなチャレンジの分野を広げている面もあるのです。

　同時に、このことと裏表の関係にある、あるいは密接に関連した要素として、重要なことがあります。それは、自分で販売したり、加工した

り、食事の提供をするビジネスの取り組みは、消費者に近づいていることにほかならない点です。現代の日本では、消費者と直接対面で接する農業経営者が着実に増えているのです。この点でも農業経営は変わりつつあります。

●製品の品質プラス生産工程の品質

　農業経営のチャレンジとして、もう1点だけ申し上げておきたいと思います。いままでふたつのチャレンジを指摘しました。まず、高齢者が稲作をやめることによって農地が出てくるので、ある程度の規模拡大が可能かつ必要だということ。もうひとつは、いろいろな品目を組み合わせると同時に、食品産業分野のビジネスも取り入れることで、厚みを増そうということです。

　そして、3番目でのチャレンジが、生産工程の品質の部分で勝負をする農業です。あるいは、そうした取り組みに力を入れる農業経営が増えてくるだろうということです。

　みなさんも耳にしたことがあるかと思いますが、日本の農産物、あるいは食品の品質のレベルはたいへん高いのです。私も日本人ですので、どうしてもえこひいきになってしまう面もありますが、ほかの国で同じ種類のものを食べた時に感じる日本の味のよさはやはり間違いないと思います。たとえば梨をお隣の国で食べたとして、味はまったく違うというのが実感です。イチゴもスイカもそうですし、ほとんどありとあらゆる農産物についてあてはまります。じつは日本では伝統的に、食べる側、現代流に言えば消費者が食べ物の味に対してうるさいのです。そして、それが日本の食品、あるいは農産物のよさをつくり出してきた、あるいは鍛え上げてきたわけです。

　江戸時代から農書（農業の書）が記録として残されており、それらが大量に存在しているという意味で、日本は珍しい国です。あるいは、調理の仕方が口伝えで長く継承されてきた伝統を誇る国でもあります。そ

んな伝統がよいものを生んできているのですが、同時にこれからは生産工程の品質も大事になってきます。

　生産工程の品質とは、少し堅い表現ですが、たとえば農場が周囲の環境に対する影響について万全の備えを講じていることが、工程の品質の重要な要素です。あるいは、その農場で働いている人の安全についてしっかり配慮をしているかどうか。最近では農業法人という形で人を雇っている農業経営者も多いのですが、その場合、新たに雇用した若い人にきちんとキャリアパスを示すこと、あるいはロールモデルを示すことによって、働く人の生きがいを引き出すように十分配慮しているかどうか。こうしたことが生産工程の品質なのです。このレベルが問われる時代になりつつあるのです。

　わかりやすいのは環境保全です。この領域には政策的な要素もありますから、規制が加わったりしますし、技術の進歩が大切な役割を果たすこともあります。けれども、同時に重要な役割を果たし始めているのが、農業経営から「うちは環境の問題についてこんな取り組みをしています」といった情報を発信することによって、消費者がそれに反応してくれるという動きです。さらに、顧客の反応にやりがいを感じて、環境保全型の農業についてさらに深く広い取り組みに進んでいく。こうしたよい循環が形成されることが大切な要素なのだと強調しておきます。

　農業生産のプロセスでは環境への負荷を生じることが少なくありません。たとえば肥料をやり過ぎて、それが湖に流出する。あるいは畜産の糞尿の不適切な処理が行われたために、地下水に硝酸態窒素が浸入する。こうしたことが農業の生産工程でも起こるわけです。ところが、こうした生産工程に問題があるにもかかわらず、最終製品である農産物そのものの品質のレベルは高い場合があります。

　最近では法律によって規制されているためなくなりましたが、かつては糞尿垂れ流しの酪農家もいました。一方で、堆肥を丁寧に作って、近

隣の畑作農家に提供するような酪農家もいます。環境保全という点で、両者には雲泥の差があるわけですが、出来上がったミルクにはまったく差がない。飲んで識別できるわけでもありません。

● カギを握る情報発信力

ほとんどの農産物について同様のことが言えます。そうなると逆に、生産工程のレベルについても、いい形で情報を添付することが重要な課題になってきます。ひとつは情報通信技術をもちいて、たとえば誰もがアクセスできるようなホームページを用意することで、その農場で何が起きているかを伝えることです。極端に言えば、言葉の問題さえクリアできれば、その農場のパフォーマンスを全世界に発信することも可能なのです。

むろん、農産物やその加工品を買いに来てくれた人とのあいだでコミュニケーションを取る形もあるでしょう。「あまり知られていないかもしれないけれど、うちの農場ってじつはこういうところで頑張っているんだよ」と伝える。こうしたやり方もあると思います。

いずれにせよ、情報を発信することによって、「この農場はそういうことを考えているのか。だったら、味が同じだとすれば、こちらを買おう」、あるいは「多少高くてもこちらを買うね」という消費者の行動が起きてきます。そのことによって、環境保全型の農業、あるいは優れた生産工程の農場がさらに広がっていく。こんなプロセスをわれわれは考える必要があるのです。

みなさんのなかに経済学部の人がいるとすれば、環境問題というのは「外部不経済」、つまり市場経済の外側で生じている現象であり、したがって政府の出番になると習っていると思います。私も同じようなことを講義で教えています。しかし情報技術の発展のなかで、じつはそうではない形の環境保全の推進という筋道がはっきり出てきていることを申し上げておきます。先ほどからお話ししているように、生産工程に関する

情報を農業経営が発信し、消費者が受信することで、優れた生産工程の生産物を促進する好循環が形成されるならば、これも環境保全型農業の強力なバックアップになるはずです。農業者と消費者が市場で出会い、刺激し合うことが環境保全につながるわけです。これまでの外部不経済が市場経済の内部で緩和されるプロセスと言ってもよいでしょう。

5．農業・農村とつながる楽しさ
●隣り合わせの都会と農村

　最後に農業・農村とつながる楽しさについてのお話です。

　農業のあり方については、自分で知ろうと思えば、比較的簡単に知ることができるのです。日本の場合、それだけ農業・農村と都市生活者のあいだの距離は短いのです。たとえばオーストラリアで、日本と同じように「ちょっと農場を見てくるから」と言って、気軽に車を飛ばして訪問することは基本的には不可能です。日豪にはそれだけ違いがあるということをまず申し上げておきます。日本では農村と都市が隣り合わせなのです。

　私は、とくにイギリスの農業・農村についてずいぶんと勉強し、向こうに滞在したこともあるのですが、西ヨーロッパと日本の農村には共通点が多いことを実感しています。たとえば、農業の多面的機能（multifunctionality of agriculture）と呼ばれる農村の景観、あるいは伝統文化の継承について、日本と西欧のどちらも高い関心があります。多面的機能は日欧で共有できるコンセプトなのです。

　しかし、多面的機能については、オーストラリアやニュージーランド、あるいはアメリカ中西部、カナダではぴんときません。これにはやはり根拠があって、いい悪いという話ではないのです。ヨーロッパでも日本でも、あるいはアジアでも、農村には農家以外の人がたくさん住んでいます。さらに農村には訪問者が多い。もちろんお盆と正月に戻ってくる

家族も含まれますが、いわゆるグリーン・ツーリズムという形で農村に滞在する人びとがいます。グリーンツーリズムについては西欧が先進地なのです。アクセスしやすい、あるいは現にアクセスしているところにも日本やヨーロッパの農村の特徴があると申し上げておきます。

●農村空間の構造には日欧に共通点

日本と西欧の農村の空間構造には共通点があります（図6）。

西欧では農村空間が多目的に利用されています。農業の空間、つまり生物資源を利用した生産の空間であると同時に、アクセス可能で、みんながリラックスできる、エンジョイできる空間でもあるわけです。さらに言うと、そこには農家以外の人がたくさん住んでいる。イギリスの場合には、教区（パリッシュ）が1つの単位になっていて、ここには農家があれば、教会もあり、パブもあり、鍛冶屋もいて、というように、いろいろな人が住んでいるのです。つまり産業利用の空間であり、アクセスのための空間でもあり、コミュニティの空間でもあるわけです。考えてみると、古くから開発されていて、土地資源、空間資源がもう使い尽くされているわけです。だから空間を多目的に利用せざるを得ないので

農村空間の構造には日欧に共通点

農村の存立構造という点で、日本とヨーロッパの国々には共通項。自然の産業的利用の空間、アクセス可能で人々がエンジョイできる自然空間、さらには非農家住民も含んだコミュニティを支える居住環境としての空間が重なり合う構造。

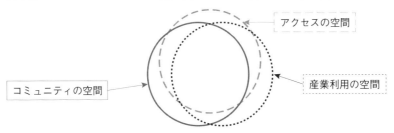

図6　農村空間の構造：日本やヨーロッパ

す。古い国である日本も同じです。

●合衆国や豪州では？

　合衆国も東部になると、古い国の要素がありますが、中西部、あるいはオーストラリアのような開発の歴史が浅い国や地域では、空間や資源はまだまだ潤沢にあるわけです。

　たとえば先ほどオーストラリアの農場の平均面積は3,000ヘクタール以上だと言いましたが、こうなると、そもそも農村が存在するかどうかも怪しくなります。3,000ヘクタールの農場が10あるとしたら、3万ヘクタールになるわけです。3万ヘクタールに10家族と使用人しかいないわけで、これをわれわれになじみのある「農村」として考えるのはちょっと難しいと思います。

　私も何度も調査に行きましたが、オーストラリアの農場は農業生産の空間に特化しています。私の訪問した農場では、15分ぐらい車を飛ばしていったところに西部劇のような小さな町があって、そこでコミュニケーションを交わしている感じでした。そして農場を訪れる都会人はまずいません。そのかわりと言っては妙ですが、国立公園が整備されています。

　19世紀のうちに国立公園ができたのは、アメリカ、オーストラリア、ニュージーランド、カナダの4か国だけです。これらは新しく開発された国で、まだ人の手が入っていない土地が潤沢にあったので、そこを国立公園として指定することができたのです。ところが、日本やヨーロッパではそんな空間はもうありません。山の奥まで人の手が入っています。こうした国では、20世紀以降に、地域を指定するかたちで国立公園をつくりました。そこに人がすでに住んでいましたが、国立公園として指定することによって、人びとの行動をある程度制限するやり方がとられたのです。

　ですから、合衆国や豪州の場合は、模式化すると図7のようになりま

合衆国や豪州では？

　合衆国や豪州のような開発の歴史の浅い国では、自然資源がなお豊富なこともあって、自然の産業的利用の空間である農場と、国民のアクセスの対象としての自然空間（典型的には国立公園）は概して分離されて存在。日常的な交流の場も、農場からは距離のある小さな町にあるのが普通。

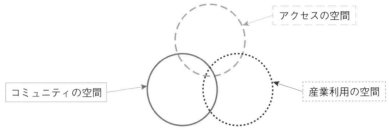

図7　農村空間の構造：合衆国や豪州

す。これは良い悪いではありません。広々とした空間は、われわれにとって本当にうらやましいところがあるわけですが、一方で日本や西欧のように、いくつかの機能が重なり合っている空間のよさについても、われわれ自身もっと認識すべきだろうと思います。どこがよいのかと言うと、たとえば、そこに住んでいる人は日頃から農業に触れることができます。それにアクセスの良さがありますから、地方都市の人がちょっと車を飛ばせば、農業の生産の現場に触れることもできます。そういうことのメリットについて、私たちはもう少し自覚してよいように思います。

　日本では農産物の直売所が1万6,800か所もあるそうです。これは、アクセスしやすい国だから可能なんですね。私たちは当たり前だと思っていますが、そうではない国があることを申し上げておきます。

●農業・農村から共同のスピリッツを学ぶ
　農業・農村に触れることで共同のスピリッツを学ぶという点について、最後にお話ししておきたいと思います。
　私は農業経済分野の人間です。農業経済学の講義ではミクロ経済学か

らスタートして、消費者行動の理論や企業行動の理論などをきちんと教えます。そして途中から、農業や食料の問題は単純な経済学だけでは解けないという話になっていくわけです。日本の農業、あるいはアジアの農業は２階建てだというのが、私の見立てであります。２階建ての上の階は、いい生産資材をできるだけ安く調達して、いいものをできるだけ多く高く売るというビジネスの階です。製造業、あるいはサービス業と変わらないと言っていいかもしれません。

　ただ、アジアの農業、とくに水田農業の場合は、それだけで完結しません。ベースに共同行動による層が形成されており、それが継承されてきているのです。端的な例ですが、代かき、田植えの前には、村の人が総出で用水路の溝さらえを行います。山間部の水田の場合、森のなかを通ってくるような用水路ですから、溝さらえも結構たいへんです。最近は兼業農家が多いので、土曜日の午前中に行うのが普通です。

　別の例を挙げると、農業用水の配水についてルールを持っている地域も結構あります。水が不足したときには、上流、中流、下流と順番に水を引いてくるといったルールのある地域が多いのです。深刻な渇水のときには、特定の田んぼには犠牲になってもらうと決めているところすらあります。犠牲になってもらうことで、ほかの田んぼに水を引きやすくするわけです。そして結果として、みんなが少しずつ出しあって、犠牲になった田んぼの人を助けるという仕組みです。

　これらはまさに２階建ての下の層であって、コミュニティの共同行動の典型です。もともと都会にもあったはずなのですが、ほとんど忘れられてしまっています。こうした共助・共存の仕組みは都会が学ぶべき農村の文化的資産だとも申し上げたいのです。

●コモンズの悲劇

　コモンズの悲劇という言葉を聞いたことがある人がいるかもしれません。これは1968年にギャレット・ハーディンという生物学者が、自然科

学の分野では『ネイチャー』と並ぶ著名な媒体である『サイエンス』に「共有地の悲劇」"The Tragedy of the Commons"として発表した論文から生まれた言葉です。

　数式などはまったくない、普通の言語のみで書かれた論文なのですが、非常に重要なことが指摘されています。コモンズとはもともとイギリスの家畜の放牧などに使われる共有地を意味する言葉なのですが、ハーディンは地球環境全体をコモンズとみなしたのです。もしも一人ひとりが勝手なことをすると、コモンズとしての地球は崩壊してしまうと警鐘を鳴らしています。一人ひとりが勝手なことをするとは、人口増加と環境破壊を意味しているのです。しかしながら、現実のコモンズは崩壊したわけではありません。みんなが共助の行動を取ることによって、崩壊を防いでいるのです。これが現実のコモンズです。

　コモンズの悲劇はある意味で寓話です。現実のコモンズではありません。これに対して、日本の農業用水はまさにコモンズです。みんなが水を取りたいと言って身勝手に行動したら、崩壊してしまいます。用水路の溝さらえを、1人ぐらいがサボっても大丈夫だろうと考えて、みんながサボれば、農業用水のシステムは崩壊してしまいます。けれども、実際にはきちんとルールがあるのです。

　そういう意味では、ハーディンのコモンズの悲劇は、ルールなきコモンズの悲劇なのです。現実の農村では、あるいは林業や漁業といった生物生産を行っている地域では、ルールが確立されているはずです。そのルールが確立される過程では、歴史上たいへんなコンフリクトや調整もあったはずです。その上に現在のルールがあるわけです。そういう実践的な共同行動の価値を学ぶことができるのも農村なのです。現代の日本の農村にもコモンズの要素が色濃く残っていることを申し上げておきたいと思います。

III

食から見るイタリア史

池上俊一

(いけがみ　しゅんいち)東京大学大学院総合文化研究科教授。1956年生まれ。東京大学大学院人文科学研究科博士課程西洋史学専門課程中退。専門は、西洋中世・ルネサンス史。著作に『パスタでたどるイタリア史』(岩波ジュニア新書、2011年)、『増補 魔女と聖女——中近世ヨーロッパの光と影』(ちくま学芸文庫、2015年)などがある。

こんにちは、池上俊一です。

今回は、生命の源である食と料理についてお話ししたいと思います。人間は食べないと生きていけないわけですから、食は生命の源です。この食や料理は、歴史によって規定されていました。あるいは歴史のなかで大きく変わっていきました。今日はイタリアの食、とりわけパスタを中心にして、パスタがイタリア人、あるいはイタリアという国の歴史といかにかかわっていたのかについてお話ししたいと思います。

1.はじめに

イタリア料理というと、みなさんはなにを思い浮かべるでしょうか。パスタやピザ、あるいはオリーブオイル、さらにはビステッカ・フィオレンティーナのようなしっかりとした肉料理などを思い浮かべるかもしれません。しかし、中世や古代まで歴史をさかのぼって見ていきますと、あるいはイタリアを旅行や滞在してみると、イタリア料理の神髄とはなによりも野菜料理ではないかと、あるいは植物由来の食べ物ではないか

と思えてきます。これは私自身がイタリアで体験したことです。

　私の体験だけでなく、古いレシピや文献を調べてみても、野菜料理が本質だったことがわかってきます。たとえば、ヨーロッパのなかでもイタリアが、古代ローマの遺産をもっとも色濃く受け継いでいるわけですが、古代地中海世界の民は肉食ではなく草食だったと言ってよい。ローマもその例外ではありません。古代ローマの食通であり料理研究家でもあるアピキウスは料理書を書いており、その第1巻は「菜園の庭師」という内容です。そこには、ブロッコリーやキャベツ、キュウリ、セロリ、ネギ、ビート、カブ、アスパラガス、レタスといった野菜がたくさん出てきて、それらの食材をどのように調理したらよいか、くわしく書かれています。さらに同書では豆類についても詳細に書かれています。

　野菜食は古代ローマだけではなく、中世から近代にかけて地中海世界全般の特徴であったと言えます。たとえば、ルネサンス期の食文化の研究者やレシピを書いた料理人の著作を見ても、薬草類とならんで、野菜や豆類、さらにはキノコや栗などが重視されています。これは、当時のフランスやドイツ、イギリスといった北方のヨーロッパ諸国の貴族たちが肉食偏重であったのに比べ、大きなコントラストをなしているわけです。もちろん北方のヨーロッパ諸国は地中海世界ほど気候が温暖ではありませんから、植物がうまく育たないという要因もあるでしょう。しかし、とりわけ北方のエリートたちは「野菜は下賤な食べ物であって、とくに豆類などは貴族の食べるものではない」というように考えていたようです。反対に、イタリアでは貴族たちは野菜や豆類、穀物に対して好意的だったのです。これは大きな違いです。

●スローフード先進国

　こうして長くつちかわれた植物や野菜への好意的な地中海世界の食文化と、今日イタリアを中心に広まりつつあるスローフード運動は密接に絡まっていると考えられます。スローフード運動は、自然から直接得ら

れるもの、それぞれの土地由来の食べ物を大切に育てていこうとしているからです（スローフードについてはP.3「「スローフード」運動とは何か」島村菜津先生も参照）。

　スローフード運動は2004年、「テッラ・マードレ（母なる大地）」という組織が中心的な役割を担ってはじめた運動です。農民や漁師、遊牧民、小規模生産農家などを集めて、おいしくてきれいで正しい食べ物の製造、流通についてみんなで考えようという取り組みを繰りひろげています。現代の世界では、多国籍企業にコントロールされて、技術優先、単一栽培志向、輸出を目的とするような農業の形がひろまっている。スローフード運動は、こうしたあり方を批判し、絶滅しつつある食べ物を守っていこうとしているのです。そして現代世界に共通した味気ない食べ物や、成長ホルモン剤で育てられた肉、養殖魚、人工的な味の野菜、遺伝子組み換えの豆や穀物といったものが世界中を支配するのをなんとか防ごうとしているのです。

　これはエコロジーとも関係しています。自然の恵みをいかに正しく生かして、それぞれの土地に根ざした食べ物を育てていくかが、自然保護になるだけではなく、人類にとってもよいのだという思想だと思います。こうした思想と活動がイタリアで生まれ、世界中に展開していったことは、現代イタリアにかかわるだけではなく、古代以来の長い伝統があってのことだと思います。

●イタリアの食を代表するパスタ

　今日の中心テーマであるパスタは、すばやく調理して食べられるという意味ではファストフードですが、同時にスローフード運動の中心にも位置しているという不思議な食べ物です。パスタは、イタリアの自然や歴史的かつ文化的な背景のなかで生まれ育ってきたという意味で、ファストフードでありつつ、スローフードでもあると言えます。

　その栄養バランスも優れています。一説ではあまり食べすぎてはいけ

ないという説もありますが、さまざまな具材を加えて栄養素を容易に整えることができて、したがって体にもよいとされています。じつはパスタを食べると、血糖値は上昇するものの、ブドウ糖そのものを摂取したときよりも、ずっと時間をかけて消化されるため、肥満や糖尿病をむしろ予防するという研究成果もあり、食べ物としては優れたものだと最近では言われています。

2．パスタの起原を探る
● パスタの原型はローマ時代に

　このパスタがイタリアの長い歴史とどう絡みながらつくりだされ、またイタリア人に受けいれられてきたのかというお話しをします。

　パスタの原材料は言うまでもなく小麦です。小麦はもともと東地中海沿岸に自生していましたが、紀元前9,000年から7,000年のあいだに西地中海沿岸にまでひろまり、それをもとにエジプト、ギリシャ、ローマの古代文明が栄えたと言われています。つまり、古代地中海文明の生みの親は小麦であったとも言えるわけです。

　当時は、小麦をパンにして食べるのが中心でしたが、古代ローマではすでに小麦粉を水とともに練り、練り粉（ラガーネ）にして伸ばして大きなシートにする方法が工夫されていました。ラガーネが現在のラザニアの語源です。現在のラザニアは、シート状の練り粉を層にして重ね、あいだに肉を挟んで、オーブンで焼いたものです。これはたしかにパスタの一種と言えるわけですが、本来のパスタは焼いたり、あるいは油で揚げたりするものではありません。パスタは、その調理段階でも水と結びつかなければならないのです。したがって、ラガーネは本来のパスタではないのですが、パスタのひとつの原型というものがすでに古代ローマ時代にあったことは重要な事実です。

●パスタ復活と「水との結合」

　では、練り粉が調理段階においても水と結びついたのはいつなのでしょうか。調べていきますと、さまざまな文献から、それは中世であることがわかります。

　ローマ帝国が滅亡し、ゲルマン民族がフランク王国をはじめとする国を建てて、中世という時代がはじまっていくわけですが、このゲルマンの民は、もともとパスタ、あるいはラザニアなどというものはまったく食べませんでした。しかし時代が進んでいくと、ふたたびパン以外のかたちで、ラザニアのようにしてこの練り粉を食べるという、古代ローマ的な食べ方が「復活」してきたようなのです。さらに中世の半ばから後半にあたる13世紀から14世紀になると、現在私たちがパスタと言っているような食べ物がひろまっていきます。練り粉を平らに伸ばしたり、あるいは細く切ったりした後、さらに水でゆでて、調理段階でも水と結びつけた食べ方が、どうやら12世紀から13世紀にかけて、イタリアで徐々に広まっていったことがわかります。

　その例はいくつも挙げられます。たとえば、14世紀半ば、フィレンツェを中心とするトスカーナ地方で書かれた『料理の書』という本には、ラザニアのつくり方として次のようにあります。「白い小麦粉で練り粉をつくって、薄く広げて乾かしたものを、去勢したおんどり、あるいはほかの肉の脂身のブロード（スープ）でゆで、皿に盛って、脂肪分の多いチーズを振りかけて食べる」というように書かれています。つまり調理段階でも水を使っているわけです。ブロード（スープ）でゆでている。これは、いわば具がなにも入ってない水ギョーザのようなもので、それにチーズをたくさんかけて食べたことがわかります。

　いまではトルテッリ、あるいはトルテッリーニ（図1）と呼ばれる詰め物パスタも14世紀にひろまっていきました。これは、なかに肉や野菜、チーズなどを詰めたパスタですが、これも調理段階で水と結びついて、

食から見るイタリア史　129

図1　トルテッリーニ

さらにスープに浸して食べるスープパスタのようになっています。つまり、この時代に、お湯、あるいはミルクや鶏のスープでパスタをゆでるという行為が徐々に広まっていったことがわかります。

●11世紀から12世紀に生パスタが誕生

　こうしたパスタはいつ復活したのでしょうか。正確なことはわかりませんが、おそらく11世紀、あるいは12世紀には各地で生パスタが誕生して、今日と同じようなつくり方がされるようになったのではないかと推定されます。とりわけ中部イタリアから北部イタリアにかけて、このような生パスタがつくられただろうと思われます。

　後述しますが、パスタには2種類の小麦でつくる2種類のパスタがあります。ひとつはいわゆる普通の小麦でつくる生パスタです。もうひとつは南イタリアで誕生した乾燥パスタといわれ、硬質小麦という硬い小麦でつくります。生パスタは普通小麦しか手に入らない北方世界でまずつくられて広まっていったと推定することができるわけです。

3．アラブと乾燥パスタ

●マルコ・ポーロ伝説の嘘

　それではいわゆる乾燥パスタはいつ、どこでできたのかということが次に問題になるわけです。13世紀にマルコ・ポーロが中国を訪れ、そこでパスタのつくり方を覚えてもって帰ってきたという説がありますが、これはとんでもない俗説で、『東方見聞録』を出版したラムージオという16世紀末の出版者が勝手に書き加えたものだということがわかっています。

●語源から

　では、いつ、どこで乾燥パスタがつくられたかといいますと、おそらく12世紀前後にシチリアでつくられるようになったと考えられています。それがわかるのは語源からです。

　中世においてパスタはなんと呼ばれていたか。パスタ（pasta）という言葉自体はラテン語で古代末期から存在していましたが、これが現在のようなパスタを指すようになったのは近代になってからです。スパゲティ（spaghetti）についてはどうでしょうか。スパゲティという言葉自体は細いヒモを意味し、これがいまのスパゲティを指すようになったのは18世紀のナポリからです。つまり中世以前には、パスタもスパゲティもいまのパスタを指す言葉としては用いられていませんでした。

　これらの言葉に対して、ヴェルミチェッリ（vermicelli）という言葉があります。これは小さな虫、青虫のことですが、ちょっと長い細いパスタをヴェルミチェッリと呼び、中世からあります。もうひとつ、マッケローニ（maccheroni）という言葉も中世からあり、この言葉はいまでいうショートパスタのマカロニ以外に、ロングパスタを指すこともありました。

　ヴェルミチェッリとマッケローニに次いで、パスタ類を指す第三の用語として重要なのがトリア（tria）という言葉です。これはアラビア語

でパスタを指すイトリーヤという言葉から由来したといわれ、14世紀にはイタリア語のレシピ集に普通に登場するようになってきます。つまり、アラビア語由来のパスタという言葉があることが重要なのです。

●アラブ人がもたらした乾燥パスタとジェノヴァ人の活躍

　このことも１つの傍証となっていますが、さらに９世紀には、アラブ世界で著されたある料理書に、このパスタが登場してきています。これは乾燥パスタです。９世紀から12世紀にかけてアラブ人が移動生活をするなかで、保存食として乾燥パスタを重宝していたと推定されています。じつは、この時代には南イタリアにはアラブ人がかなり入ってきており、一時は支配権を握っていました。後にノルマン人が南イタリアを支配するようになっても、アラブ人たちはそこで比較的平和に共存していたわけです。

　つまり、アラブ世界で考案された乾燥パスタがシチリアでひろまっていき、それが12世紀には産業として非常に幅広く組織的に生産されていたことがわかっているのです。そして12世紀半ばの地理学者のイドリーシーという人は、シチリアから至るところに、この乾燥パスタが輸出されていると、その著作で述べています。さらに、当時イタリアの海岸沿いの都市は交易で発展しており、とりわけジェノヴァ人がシチリアのパスタを、イタリア中、あるいはヨーロッパ中に輸出するのに非常に貢献したこともわかっているのです。

　以上をまとめてみますと、おそらく生パスタは11世紀から12世紀にかけて中部イタリア、あるいは北部イタリアを中心につくられるようになり、徐々にイタリア半島全体にひろまっていった。逆に、硬い種類の小麦を使ってつくり、天日干しして長期保存ができるようにする乾燥パスタは、おそらく12世紀以前にシチリアを中心とした南イタリアでつくられはじめ、イタリア全体に広まっていった。こういう２種類の経路でひろまっていったと考えられます。

4．大航海時代とパスタ料理の新展開
●トマト

　次の時代、いわゆるルネサンス時代、あるいは大航海時代もイタリアのパスタの歴史にとって重要です。16世紀、17世紀という近世、あるいはルネサンスから近世にかけての時代がパスタの歴史にとってなぜ重要かといいますと、いまではパスタと切り離すことのできないトマトがアメリカ大陸から入ってきたということがあります。

　トマトは、ヨーロッパに入ってきた当初は恐れられていました。すなわち、毒性のあるベラドンナやマンドラゴラと形状が非常に似ているため、トマトにも毒があるのではないかと言われ、みんな敬遠してなかなか食べようとしませんでした。

　17世紀の末、ナポリのアントニオ・ラティーニが画期的なトマトのレシピを考案しました。トマトを加熱するという点が重要なアイデアだったわけです。完熟したトマトを炭火の上であぶって、皮をとって、ナイフで細切れにし、さらにタマネギやコショウ、タイム、ピーマンなどを混ぜて味をつけ、塩、オリーブオイル、スープなどで整える——いわばトマトソースのもとになるようなレシピを彼が考案したおかげで、トマトがソースとして人気を集めるようになりました。

●トウモロコシ

　大航海時代にイタリアに入ってきた、もうひとつの重要な植物はトウモロコシです。トウモロコシは1493年にコロンブスによってヨーロッパにもたらされましたが、やはりこれも最初は偏見にさらされていました。「人間の食べるものではない」「豚かなにかに食べさせておけばいい」と考えられていたのです。しかし、17世紀以降、徐々に偏見が薄らいでいきます。とくに小麦が十分に採れないため、アワやキビを食べて生きていた北方の農民たちがトウモロコシを食べるようになりました。

　このトウモロコシも一種のパスタとして食べられるようになったこと

図2 『ポレンタ』
(ピエトロ・ロンギ画、1740年頃)

が、イタリア料理の歴史の上では重要です。ポレンタは、細かな粉にひいたトウモロコシを水とあわせて何時間も煮詰めていったものです（図2）。こんなふうにいろいろな食べ方があり、材料は小麦ではないものの、パスタ的な料理です。つまり練り粉にする段階で水と結びついて、さらに調理段階でも水と結びついているわけですから、やはりパスタの一種と考えることができます。

●ジャガイモ

大航海時代にヨーロッパに入ってきた食物のうちで、さらに重要なのはジャガイモです。ジャガイモは、トウモロコシ以上に不信の目で見られました。唯一の例外はイギリス人で、すぐにジャガイモを熱狂的に褒めたたえていましたが、ほかの国の人は消化に悪いということで家畜の餌にしていたわけです。しかし16世紀から17世紀に、カルメル会という

修道会の修道士がジャガイモを栽培するようになり、やがて農民たちも飢饉のときなどに栄養価の高いものとして徐々に食べるようになっていきます。このように、とくに18世紀から19世紀にかけて消費されるようになっていきました。

このジャガイモについても、イタリアでは一種のパスタとして食べられたことが重要です。みなさんはニョッキという一種のパスタをご存じでしょうか。小麦粉で作られるニョッキもありますが、ジャガイモが入ってきてから、ジャガイモのニョッキはおいしいと人気を集めていきました。

こうしてみると、大航海時代にイタリアに入り、やがて普及した重要なものは、ほとんどが野菜類だったわけです。これら以外にも七面鳥なども入ってきましたが、そうしたごくわずかな例外を除いて、野菜類がイタリア人の料理と食を豊かにしたことからも、古代以来の野菜や穀物重視の伝統が反映していると言えるでしょう。

5．遅れた普及

●ナポリの貢献

パスタが徐々に普及し、さらにパスタにかけるソース類にもバリエーションがうまれてくるわけですが、実際にイタリア中の人々にパスタが普及するまでにはもう少し時間がかかりました。これまでみたように多くのパスタは小麦でできていましたが、小麦は貴重な食材であり、貧しい人が毎日食べられるものではなかったからです。パスタが普及するためには、まず小麦生産が増えることが必要でした。

パスタが普及するにあたっては、ナポリ人の貢献があります。南イタリアの大きな街であるナポリには、かつてスペインが長いあいだ支配していた王国がありました。そしてナポリ人たちはキャベツやブロッコリーなどの野菜ばかりを食べているというので「菜っ葉食い（マンジャフ

図3　パスタの天日干し
(http://www.ifood.it/2015/06/la-storia-dello-street-food-i-maccheroni-partenopei.html)

ォリア)」とあだ名をつけられていました。

　17世紀になると、ときおり急激に人口が増えることがありました。そのため食糧が不足し、飢饉に陥って、人々は栄養不良になっていたのです。そうなると、野菜ばかりを食べているわけにはいかないし、肉を食べるほどの余裕もない。しかし、当時ナポリでは小麦生産が盛んになってきていたので、パスタは比較的安価になっていました。しかも、当時のパスタは、いまのようにトマトソースをかけて食べるのではなく、チーズを大量に振りかける食べ方が一般的でしたから、栄養価が高い料理でした。これらの理由で、ナポリの民衆のあいだでパスタが爆発的に食べられるようになっていきました。

　たとえば1633年には、年間1万2,500キログラムもの乾燥パスタが、ナポリ王国からイタリア各地、あるいはヨーロッパ各国へと輸出され、その後も生産量は増えていったとされています。さらに18世紀や19世紀には、パスタを機械的につくったり、乾燥させたりする技術革新も進み、ナポリでのパスタ産業はますます各地へひろまっていきました。

　その様子が図版からわかります。図3は、19世紀後半、ナポリでパス

図4　手でパスタを食べる子供たち
（http://www.spaghettitaliani.com/Articoli/
ArticoloBU.htm）

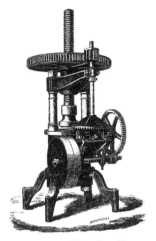

図5　19世紀の捏ね機
（Francesco Reuleaux, *Chimica della
vita quotidiana*, 1889の挿絵）

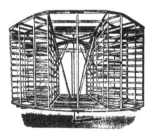

図6　回転式パスタ乾燥装置
（Renato Rovetta, *Industria del pastificio*, 1908の挿絵）

タを屋外に干している写真です。図4は当時のパスタの食べ方で、パスタを手で食べています。じつはごく最近までみんな手で食べていて、フォークなどを使うのはごく一部の人に限られていました。労働者の人たちや子どもたちが夢中になって食べている姿から、当時のパスタというものがわかると思います。図5はパスタをこねる機械でしょうか。こう

いう機械ができたことで、大量生産が可能になっていったわけです。

シチリアや南イタリアでは日照量が多いので屋外で干せばよいわけですが、日照量が少ない場所では室内で干さなければならないこともあり、誰かが図6のような装置を考えました。パスタを掛けてぐるぐる回して乾かす装置で、メリーゴーラウンドと名づけられました。しかし、中心軸に近いところに掛けたパスタと、外側に掛けたパスタの乾く時間が違ってしまい、失敗だったという情けない例です。

●17世紀以降の普及

このようにナポリの努力によってパスタは広まっていったのですが、さらに国民食としてパスタが普及し、国内外に認知されるのにかかわっているのがイタリアの政治史です。イタリアという国は、じつはローマ帝国が崩壊してから19世紀後半まで、一度も統一されたことがありません。5世紀から19世紀までイタリアという国は存在せず、さまざまな都市国家に分断されていたわけです。スペインやフランス、オーストリアに支配されて、蹂躙されていたこともあります。フランス革命の影響などもあり、19世紀になってようやくイタリアという国をつくろうという国家統一の動きがでてきました。イタリアという統一国家はなかったのですが、ローマの遺産や記憶はイタリア半島中にありましたし、さらに独特の文化的な統一世界もあったからです。

イタリア統一のために立ち上がった闘士ジュゼッペ・ガリバルディ（1807年生-82年没）は、イタリアの食文化にも注目しました。そして「諸君、マッケローニこそイタリアを統一するものになるであろう」と宣言したのです。ここでいうマッケローニとは、いわばパスタの総称です。パスタをイタリア人が愛し、みんなで食べることによって、イタリアは統一されるであろうというようなことを言ったのです。ガリバルディのほかにも、マッツィーニ（1805年生-72年没）やカヴール（1810年生-61年没）らの努力によって、1861年にイタリアは統一国家となりました。

このガリバルディの予言を現実にするために貢献したのが、ペッレグリーノ・アルトゥージ（1820年生-1911年没）という人です。アルトゥージはもともとフィレンツェで金融業を営むかたわら、料理文化に深い興味をもっていました。彼はイタリア中の料理を調べ、イタリア人に、とくにイタリア人のブルジョアにふさわしい料理とはなにかを一生懸命考え、1891年に『料理の科学と美味しく食べる技法』という重要な書物を出版しました。この本にはイタリア料理を代表するレシピがたくさん紹介されており、イタリア中の家庭に一種のバイブルのようにひろまっていきました。

　そのレシピのなかでとりわけ重要なのが、それまであまりまともな料理と思われてなかったジャガイモのニョッキを公式に認めていること、あるいはトマトソースをパスタ用のソースとして推奨していることです。今日のイタリア料理を代表するいくつもの料理について、アルトゥージはこの書物のなかで「イタリア国民はこれをイタリアを代表する料理として考えなさい」と推奨しました。それを家庭の主婦たちが信じてつくることによって、イタリア人の心が一つになっていったといわれています。いわば、パスタはイタリア統一を内面から支えたということになります。

6．イタリアから世界へ

　次なる段階として、パスタはイタリアから世界にひろまっていきます。まずひろまったのはアメリカです。なぜアメリカか。イタリア統一後も、イタリアの北部と南部では産業構造や生活状態も異なり、とくに南イタリアの人は貧しい暮らしをおくっていました。そこで南イタリアの貧しい人たちは何百万人も海を渡り、アメリカに移住し、季節労働者として建設現場や鉄道、鉱山などで働いたのです。彼らはパスタばかり食べていたので、「マカロニ野郎」と呼ばれ、アメリカでバカにされていまし

た。

　アメリカ人は、こうしたイタリア系移民の食生活はよくないと考えていました。彼らの家にソーシャルワーカーを送り込み、「肉を食べなさい」「牛乳をたくさん飲みなさい」と推奨し、アメリカの食生活に同化するように勧めました。さらに一般雑誌や学会誌では、専門家たちが、イタリア料理がいかに体に悪いか、いかに頭を悪くするかということを書きたてました。その理由は、「肉や野菜などをごった煮にしたものをさらにパスタに振り掛けて食べたり、あるいはミネストローネのようないろいろなものをごちゃごちゃ入れたスープを食べている。こんなふうにごった煮にすることによって、個々の食品の栄養分は損なわれるし、消化にも悪いし、人間をばかにする」ということでした。いま考えると、かなりでたらめな意見が権威ある科学者の意見としてひろめられていたのです。現在では逆にアメリカ流の食べ物こそ健康に悪い、イタリア料理は健康によいと言われているのですが、当時はそのような偏見によってイタリア料理がおとしめられていたのです。

　ですから、アメリカにもパスタやピザなどが広まっていったのですが、長いあいだパスタは肉料理の付けあわせという副次的な地位にとどまってしまうことになりました。これがじつは日本にも影響しています。ハンバーグやエビフライの横に、あるいはお弁当のなかに、トマトケチャップで真っ赤にしたスパゲティがちょっと入っているでしょう。これはアメリカからの影響なのです。

●日本におけるパスタ（イタリア料理）普及の諸段階

　その後、パスタはさらに世界中にひろまっていきます。日本では明治初期にパスタがごく一部で紹介されましたが、それ以降では1895年（明治28年）に、新橋の洋食屋ではじめてスパゲティが供されたという記録があります。しかし、当時はなかなか普及しませんでした。第2次世界大戦後にアメリカからの小麦援助があったときにパスタがつくられ、さ

らに1970年代から現在までにイタリア料理ブームが何度かあって、その結果ようやく普及することになります。いまではパスタは日本料理ではないかと言いたくなるほど、どこにでもある状況になっています。

7．エリートの食べ物か？

　イタリア料理のよい点とは、貴族などのエリートの料理ばかりではなく、民衆の料理でもあるところです。つまり、一般民衆とエリートたちが協力してつくり上げていったところに、イタリア料理の素晴らしさがあると思います。たとえば、フランス料理は宮廷料理がもとになっているわけですが、イタリア料理はそうではありません。

　とはいえ、パスタの主要な原料は小麦で、先にふれたように、当初は貴重なものでした。南イタリアは別として、パスタを北イタリアなどで食べられたのは比較的裕福なブルジョアたちだったのです。

　ボッカッチョは14世紀イタリアに生まれた有名な作家です。彼は、代表作『デカメロン』のなかで、ベンゴーディという巨大な山の理想郷を描いています。じつはベンゴーディという山は、パルマのチーズでできていて、チーズでできた山の上ではパスタがゆでられているのです。ゆでたパスタを山からごろごろ転がして下に落とすと、ちょうどいい具合にパスタにチーズが絡まって、下の川に流れていき、その国にいる人は、それを好きなだけとって食べることができるというお話です。この話やそのほかの話を見ると、当時、庶民にとってパスタは高嶺の花のあこがれの食べ物だったことがわかります。

　また、15世紀、16世紀、17世紀の料理書にもパスタは出てきます。そこではさまざまな形や調理法のパスタが紹介され、肉料理などの上にのせて食べるようなパスタが紹介されたり、なかにいろいろなものを詰めてかなり凝った料理にすることができる詰め物パスタも紹介されています。詰め物パスタをいかに工夫するかは、ルネサンス期、バロック期に

かけての料理人の腕の見せ所でした。たとえば、16世紀の料理人であるスカッピという人は、ラザニアを上にのせたゆで鶏、ローマ風マカロニをのせたゆでたアヒルといったように、鶏肉料理の上にパスタをのせる工夫をしています。アノリーニという詰め物パスタのように、さまざまな工夫をして食卓を美しく飾ることもおこなわれました。

　パスタがイタリア中で食べられるようになるのは、それこそ19世紀から20世紀にかけてのことです。この頃になってようやくだれでも毎日パスタを食べることができるようになるのですが、それ以前は、エリートたちがさまざまな工夫をすることで、イタリア料理のバラエティーを増やし、食卓を美しく飾ることに努めていたのです。

8．民衆食としての側面

　小麦のパスタを毎日のように食べることができなかった農民や都市の下層の人たち、民衆たちがパスタと無縁であったかというと、そうではありません。たとえばパスタだけを料理として食べるのはなかなか大変でしたが、農民たちは中世から、いわばごった煮スープを中心に食べることで栄養を取っていたのです。このごった煮スープは「ミネストラ」「ミネストローネ」、フランス語ではブイイとも言いますが、野菜やベーコンなどを中心に、さまざまな残り物を入れたものが農民の中心的な食事でした。これにパスタを少し入れて一種のスープパスタにすることは昔から行われていたと思われますし、そもそも小麦粉と水との結合という点で、ミネストローネはパスタと非常に近い関係にあります。さらに、現代のイタリア料理のコースで、プリモ・ピアット（第一の皿）というと、パスタにかぎらず、こうしたスープ類も入ってきます。ですから、小麦のパスタを毎日のように食べられなくても、こうしたミネストラを伝統的に食べていた農民たちや民衆たちも、将来のパスタ文化を別の方面からつくりあげていったと言えるのです。

さらに、前述したように、安く手に入るトウモロコシをパスタ風に食べるポレンタという料理もありました。これはまさに民衆の食べ物でした。ニョッキも、主に民衆的な食材であるジャガイモからつくられます。小麦以外の、こうしたジャガイモやトウモロコシ、あるいは雑穀を使ったパスタ的な料理も民衆たちからひろまっていったわけです。ですから、パスタひとつ見てみても、洗練されたエリート的な工夫と、安価だけれども栄養価を重視した庶民の食べ物という両側面が一緒になって、イタリアの食文化をつくっていったことが裏づけられると思われます。

　以上、パスタを中心にイタリアの食文化がいかに歴史的に形成されてきたかを説明しました。パスタが、古代ローマの地中海的な食文化から現代、さらには最先端の話題であるスローフードに至るまでのすべてにかかわる重要な要素であることが、おわかりいただけたと思います。

食べられるブタ、嫌われるブタ、愛でられるブタ
沖縄のブタ食文化から考える

比嘉理麻

（ひが　りま）沖縄国際大学総合文化学部講師。1978年生まれ。筑波大学大学院単位取得満期退学（国際政治経済学博士）。専門は文化人類学、沖縄研究。著作に『沖縄の人とブタ－産業社会における人と動物の民族誌』京都大学学術出版会、2015年などがある。

1．はじめに

　みなさん、こんにちは。比嘉理麻です。私はこれまで沖縄の人とブタの関係について研究してきました。ひとくちに、沖縄の人とブタの関係と言ってもいろいろですが、私はブタを育てること、殺すこと、食べることを総合的に理解することを目指して、沖縄本島の養豚場、屠殺場、市場でフィールドワークをしてきました（図1）。今日はその一部を紹介したいと思います。

　沖縄ではブタ食文化が有名ですが、意外なことに、最近ではブタを育てる養豚場の排斥運動がおこっています。これはあまり知られていないことですが、ブタが「くさい」という理由で嫌われ、養豚場の立ち退き運動がおこっているのです。なぜ、このようなブタに対する矛盾した態度、すなわちブタが好きでもあり嫌いでもある、という矛盾した状況が生まれたのかを、今日はお話ししたいと思います。

図1　フィールドワークの風景
上から時計回りで順に養豚場、屠殺場、市場。

2．沖縄におけるブタ食文化

●沖縄における養豚の歴史

　まずは、ブタを「食べる」ことについて沖縄の豚肉料理についてみていくことにしましょう。

　おおまかに沖縄における養豚の歴史をふりかえっておくと、沖縄で養豚が隆盛したのは日本の他地域と比べて古く、18世紀初頭の琉球王朝時代の養豚奨励政策にあると言われています。琉球、つまり当時の沖縄は、中国の明や清と朝貢関係にあり、中国からの使節団（冊封使と呼ばれるものですが）約400人が琉球に3か月から8か月間滞在していました。彼らをもてなすために、1日当たり20頭ものブタが必要だったという経緯から、沖縄で養豚が盛んにおこなわれるようになったのです。

その後18世紀半ばになると、一般の庶民にも豚肉料理が普及するようになりました。このように中国との関係のなかで、ブタ中心の食文化がかたちづくられたのです。

●沖縄料理と豚肉

こうした歴史をふまえ、次に現在の沖縄におけるブタ食文化についてみていきましょう。

現在「沖縄料理」といえば、豚肉料理と言っても過言ではないほど、沖縄では豚肉が大量に消費されています。沖縄の１人当たりの豚肉消費量は日本一で、他地域の1.5倍にものぼります。豚肉は儀礼食に欠かせない食材で、とくに正月と、旧盆（旧暦７月13日から15日の３日間）は豚肉がなくてははじまらないほど重要です。

儀礼食にくわえて、戦後の食糧事情の好転により、日常食としても豚肉を大量に食すようになりました。豚肉の調理方法も特徴的で、肉はスライスしてではなく、大きな肉の塊をそのまま茹でるのが基本となっています。こうした茹でて余分な脂を落とす調理の仕方が、1990年代から2000年代にかけて、「長寿社会」沖縄を支える料理方法だとされて、健康ブームにのって発信されていきました。

また、沖縄には「シシマチ」と呼ばれる豚肉専門の市場があり、豚肉の売り買いについても独自の特徴があります。シシマチでは、大きな塊の肉を何重にも積みあげて売っており、値段や部位名称などの表記はありません。買い物客は素手で肉をつかみ、自由に品定めできます。また、客はそれぞれ馴染みの店をもっており、その店と長期にわたる関係を築いています。その関係のことを、沖縄の言葉では「コーイ・ウェーカ」と言います。「肉の売り買いによって親戚になる」という意味です。いったん得意客になると、親子三代にわたって同じ肉屋に通い続ける人もいます。

沖縄の市場では、ティビチ（本土では豚足、足先（チマグ）を含む足

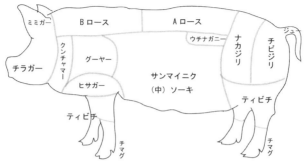

図2　沖縄におけるブタの部位の民俗分類

全体）やチラガー（顔の皮）など、部位についても独自の分類方法がもちいられています（部位にかぎらず、その文化独自の分類法を文化人類学の言葉で「民俗分類」folk taxonomy と言います）（図2）。この分類にしたがって、シシマチの売り手たちは豚肉を見事に解体し、切り分けていく技を磨きあげています。

●ブタを食べ尽くす

次に、沖縄の豚肉料理の特徴を具体的にみていきましょう。

沖縄には「ブタは声まで食べられる」という言葉があり、すみからすみまでブタを食べ尽くします。まず、豚肉は皮つきのまま食べるところに特徴があります。たとえば、サンマイニクは「バラ肉」を指しており、皮と脂身と赤身の三層からなる肉です。サンマイニクはラフテーという料理で食されます。ラフテーは、サンマイニクを数時間煮込んで、砂糖醤油で味つけたものです。おなじように、皮つきの肉として、沖縄の市場でよく飾られているチラガーという、皮つきのブタの顔の肉も好んで食されています。

また、ブタの内臓や血液も沖縄では食されています。たとえば、ナカミという名前で親しまれている内臓があります。ナカミは内臓のうち、胃・小腸・大腸のことで、それらをすまし仕立ての汁物にして食するの

図3　重箱料理
写真・左は清明祭、右は旧盆の場合。清明祭と旧盆の重箱料理の大きな違いは、皮付き豚肉の詰め方(皮を上向きに詰めるタイプ(写真・右)と、下向きに詰めるタイプ(写真・左))にある。それぞれの具材は共通しており、上段・左から魚の天ぷら、昆布、カステラかまぼこ(卵風味の揚げかまぼこ)、中段・左から順にターンム(田芋)、かまぼこ、こんにゃく、下段・左から揚げ豆腐、皮付き豚肉、ごぼう、の順に詰める。

が沖縄の特徴です。そのうち、とくに大腸は一番高い値で売買されており、正月に大量消費されます。

おそらく、みなさんが食べたことのない、ブタの血液(チー)も、沖縄では正月のご馳走で重要な食材となっています。ただ、今は流通量が少ないため、正月前には必ずと言っていいほど、ブタの血が好きな、沖縄本島の北部の人たちが血を買占めしようとして、市場から市場を渡り歩いたりしています。ときに血をめぐって市場で口論が起こったりもします。このようにブタを余すところなく食べ尽くすのが、沖縄のブタ食文化の特徴となっています。

●重箱料理(ウジュー)

最後に、ブタ食文化の美学とでも言うべき、豚肉料理の美的側面にふれておきます。それは、とくに重箱料理(ウジュー)に見られるものです(図3)。

重箱料理は祖先祭祀や葬儀などに仏壇や墓に供えられるものです。祖先祭祀の機会としては、前述した旧盆や、毎年4月の「清明の節」に墓

前に集まり、先祖に重箱料理や泡盛を供えた後、親族でご馳走をいただく清明祭があります。

重箱料理の具材には豚肉が必須です。重箱料理は、具材の種類と数、並べ方に規則があります。重箱には仕切りがなく、爪楊枝を使ってきれいに詰めるのがポイントで、こうしたところに独自の美学が見られます。

以上、沖縄のブタ食文化について話してきましたが、次に、こんなにも好まれ、食べられているブタが、じつは嫌われている、という話題に移っていきましょう。

3．激変する沖縄社会とブタ
●養豚場の悪臭問題・立ち退き運動の展開

注目するのは、近年、問題になっている養豚場の悪臭問題と立ち退き運動です。最初に、第二次世界大戦後の養豚復興と産業化の歴史をたどり、とくにブタの多頭飼育化と専業化の過程で生じた環境の変化に注目していきます。そのなかで重要なのが、ブタが人間の住んでいるところから遠ざかっていく、ブタの遠隔化というプロセスと、それと並行して新たにブタの「悪臭」言説が生まれたことです。

戦前から戦後初期にかけて、沖縄ではブタは屋敷地内で少頭飼育されていました。大半の家庭では1頭から数頭のブタを養い、母屋に隣接した小屋で飼育していたのです。戦後の復興期まで人とブタは同じ屋敷地に居住し、物理的に近接していたということができます。戦前のデータによると、沖縄の97％の人がブタを飼育していたことになります。つまり、あたり一面ブタだらけで、ほとんどの人が養豚農家だったのです。

しかし、戦後の発展期になると、多頭飼育化が進み、ブタは屋敷地の外で飼育されるようになりました。その過程で、沖縄の人びととブタの関係は大きく変化します。重要なのは、多頭飼育に移行する過程で、ブタの飼育場所が変化したことです。屋敷地のなかで飼える限度に達した

図4　屋敷地の外に建てられた専用の豚舎

とき、ブタは屋敷地の外で飼育され始め、それにともなって人とブタの関係は大きく変化していきました。それは1960年代半ば頃からの変化です。さらに、1972年に沖縄が日本へ返還されると、その変化はより大きなものとなっていきました。

　屋敷地内の少頭飼育から、多頭飼育への移行を経験した60代男性は、屋敷地内で飼育できるブタの頭数は最大でも10頭で、大半の家庭では1頭か2頭しか飼育できなかったと言います。また、屋敷地のなかで2頭のブタを飼っていた50代男性によると、飼育頭数が7頭に増えたころに、屋敷地の外に専用の豚舎を建てたと言います（図4）。ただし、屋敷地の外でブタを飼育し始めた当初は、豚舎は自宅から目と鼻の先にあり、ブタとの距離もほんの5メートルから20メートルしか離れていませんでした。しかし、その後さらにブタが増えると、村落の外れに豚舎を移動したと語っていました。そのようにして、人とブタの距離は少しずつ広がっていったのです。

　そして、沖縄返還の前後になると、さらに多頭飼育化は加速していき

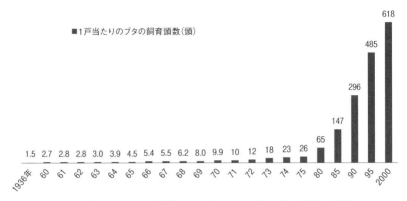

図5　沖縄における養豚農家1戸当たりのブタの飼育頭数の推移
(図5は、『沖縄の畜産』[琉球政府農林水産局畜産課　1968]、『市町村別家畜飼養頭羽数の推移（昭和45年－昭和57年）』[沖縄県農林水産部畜産課　1983]、『おきなわの畜産』[沖縄県農林水産部畜産課　2008]をもとに作成。なお、紙幅の関係で、1975年以降は5年ごとに表記)

ました（図5）。今紹介した方々の語りと、当時の屋敷地の平均的な面積を考慮すると、1世帯当たりのブタ飼育頭数が10頭を超える1971年から72年頃には、すでにブタは屋敷地の外で飼育されていたと推察できます。遅くとも、1戸当たりのブタの飼育頭数が26頭になる1975年には、人とブタの居住環境は、確実に分離していたと断定できます。そのようにして新しくできた豚舎は写真のようなものです（図6）。遠くから見ると工場のように見えますが、奥に見えるのが沖縄の養豚場の一般的な形です。このようにして多頭飼育化はさらに進み、数千頭規模のブタが飼育できる大規模な養豚場が増えたのです。

このように多頭飼育化によって、ブタは沖縄の人びとの日常から遠隔化していきました。ブタは人間と日常生活をともにする居住地から物理的に離れていったのです。ただし、重要なのは、たんにブタが人間から物理的に遠くなったという物理的な距離の問題ではなくて、村落生活全般にかかわる変化だった点です。具体的には、人とブタの関係は断片化

図6　大規模な養豚場の内部

していったのです。

　人とブタの関係の断片化とは、多頭飼育に移行する前の、人とブタが生活のなかで密接にかかわるトータルな関係が、部分的な関係へと変化したことを指しています。具体的には、ブタは「肉」以外にも、人間の残飯・食べ残しを処理してくれるだけでなく、畑の肥やしをつくってくれ、さらに魔物除けの効果を発揮してくれていました。母屋の近くにブタ小屋があったわけですから、たとえば、お葬式の帰りにブタ小屋に寄るわけです。人間が近づいてくると、ブタは鳴き声を上げますから、そのブーという鳴き声で人間についてきた魔物や負の力を追い払ってくれる効果があったというのです。要するに、ブタはたんなる肉のかたまりではなかったのです。

　また、各家庭で育てたブタは旧正月や旧盆の時期に自家屠殺していました。自分たちで育てたブタを自分たちで屠殺していたのです。沖縄の

人とブタは、日常生活や年中行事、農耕サイクルと結びつくかたちでかかわっていました。

しかし、食品衛生法の施行を受けて、自家屠殺の取り締まりが厳しくなり、大型の屠殺場が建設されるようになると、自家屠殺の慣習もすたれていきました。大型屠殺場は、多頭飼育に移行するなかで大量に育てたブタをまとめて捌くといった集約的な生産・流通システムの確立にともなって生まれたものです。つまり、多頭飼育化と屠殺の独占は、専業化と分業化の過程で進められたものです。

多頭飼育への移行は、一部の専門家がブタを育てて屠殺するといった分業体制が確立し、大半の人が肉の消費者になっていく過程でもありました。人とブタの関係や、ブタを介して繋がる人びとの関係も変化していきました。このような過程のなかで、ブタは消費者の日常生活から切り離され、不可視化されたのです。

以上のような分業化とブタの遠隔化のプロセスのなかで、注目したいのは、ブタのニオイが居住、生業、信仰といった生活の諸側面から切り離された「異臭」に変貌したことです。さらに養豚が専業化の過程で耕種農業と分離したため、ブタの糞尿は肥やしとしての役割を失い、うまく処理されなくなりました。行き場のない大量の糞尿は、有用性を失うなかで不快で「迷惑な」ニオイになったのです。それまで許容されてきた糞尿のニオイは、ブタが生業や信仰の体系から外れていった結果、大半の人にとって耐えられない嫌悪の対象となったといえます。

ここで強調したいのは、ブタが人間から遠ざけられていったそもそもの理由は、ブタの汚さや悪臭ではなかったということです。ブタを屋敷地の外で飼うようになった当初の理由は、ブタが増えすぎて、敷地のなかに入りきらなくなったというものでした。そこから、お話ししたような多頭飼育化と専業化という産業化がおこったのでした。この養豚の産業化が、ブタを人間の生活環境から遠ざけたのであり、最初からブタが

「くさい」という理由で遠ざけられたわけではないのです。

　事実、ブタのニオイが問題化されたのは、ブタの遠隔化がかなりの程度進んでからことです。1972年の本土復帰を機に、悪臭を取り締まる関連法が施行されましたが、ブタが悪臭を撒き散らす「不衛生な害畜」として名指しされるのは、もっとずっと後になってからのことです。だとすると、ブタの悪臭は、ブタが遠隔化した段階で「発見」されたといえるのではないでしょうか。

●悪臭の「発見」

　いかにブタの悪臭が「発見」されたかを歴史的に検証してみましょう。

　悪臭の定義、悪臭に対する行政の態度や対処法は、法令の制定から後の改正、具体的な指導案の策定から実行を経て変化するものです。その過程で、「悪臭」自体もつくられていきます。以下では、悪臭の歴史を４段階に分けてみていくことにしましょう。

　まず、悪臭規制の第１段階は、本土復帰した1972年にはじめて悪臭に関する法令が施行されたときです。悪臭を管理する法令としては、復帰と同時に施行された「悪臭防止法」、「公害対策基本法」、そして沖縄独自の「沖縄県公害防止条例」があります。また「沖縄県公害の規制基準等に関する規則」には、別途、悪臭の遵守事項に関する規則が定められています。この規則をみると、この時点では、具体的に「何が悪臭か」は明示されておらず、たんに「悪臭」は漠然と「臭いもの」を想定していることがわかります。この規則に書かれている悪臭の対処法も、悪臭を消そうとするものではなく、そこにある悪臭はそのままに、外に漏れるのを防ぐ、たんに「くさいものには蓋をする」たぐいのものです。

　悪臭規制の第２段階は1976年からで、この時期にさきほどの法令が改正され、悪臭の捉え方が変化していきます。この段階で、悪臭は捉えどころのない、漠然とした曖昧なものから、悪臭は具体性を帯びはじめます。まず「悪臭の発生源」として「動物」を飼う施設が明示されるよう

になります。より具体的には、生きた家畜、その餌（残飯）や糞尿などです。改正された法令のなかでブタに対する規制はもっと厳しく、ほかの家畜に比べて、ブタは悪臭を発する度合いが高いとされています。注目すべきは、この時期に、ほかでもないブタが悪臭と結びつけられるようになったことです。

　悪臭を発する対象が明確になったものの、悪臭の対処法については、それ以前とさほど変わらず、悪臭が外に漏れない構造にするといった程度です。しかし、この段階にきて、悪臭の「防止法」という表現が、新たに使われはじめたことは注目に値します。それは、悪臭が防止しうるものになったことを意味するからです。とりあえず「くさいものには蓋をする」から、ニオイの元をどうにかして防止すると、「くさい物」に積極的に介入していくものへと変わったわけです。悪臭は具体的で目に見えるブタという対象物と結びつくことで、防止できるものになったのです。この「防止できるもの」という考え方は、悪臭規制に拍車をかけていきます。

　悪臭規制の第3段階は1978年から1979年にかけてです。この時期に、悪臭の管理と処罰の方法が精緻化し、ブタの糞尿に特化した消臭対策が考案されました。さきほどの条例の全面改正を受けて、沖縄県は「畜産経営環境保全対策実施方針」と指導マニュアルを作成し、悪臭の撲滅と消臭対策にのりだします。重要なのは、悪臭が細かく分類され、それに合わせた悪臭対策が具体的におこなわれるようになったことです。

　具体的にみてみると、悪臭は、①発生源の種類、②22種の「悪臭物質」と臭気の特徴（たとえばアンモニア）、③悪臭物質の濃度と臭気の強さから分類されるようになりました。悪臭物質を検出し、その濃度を測定することで、悪臭は数値化できるようになり、客観的に証明できるものになったのです。その結果、悪臭に対する厳格な管理と処罰が可能になります。この時期から、養豚場の取り締まりも強化され、養豚場の

至るところで悪臭物質が見つかります。

　最後の悪臭規制の第4段階は2004年から2006年です。この時期に、以前よりも増して、規制が強化され、より徹底的に悪臭が駆除されていきます。悪臭を出すとされる糞尿そのものを管理する「家畜排せつ物法」が2004年に完全施行され、さらに人間個々人の嗅覚を基準に、悪臭を取り締まる「臭気指数規制」が2006年に導入されたからです。

　家畜排せつ物法からみていくと、この法律は家畜から出る糞尿の処理と利用の方法を定め、養豚場に糞尿処理設備を義務づけるものです。この法律のもとでは、養豚場は高額の糞尿処理設備を設置しなければ、実質、廃業せざるをえません。養豚農家は基準にみあう、高額の設備をとりつけて、借金を背負うか、そうせずに廃業するかの二者択一を迫られたことになります。このようにみると、この新しい法律は、悪臭だけでなく、それをうみだす養豚場ごと駆逐する、徹底的な消臭対策を打ちたてたと理解できます。

　続いて2006年に導入された臭気指数規制は、人間の嗅覚を判定基準とするものです。これは、従来の機械を使って悪臭物質の濃度を測定する方法とは異なり、「人が臭いと感じるか」どうかを取り締まりの根拠とする点に特徴があります。つまり、人が「くさい」と言えば、すべてが「悪臭」となり、行政介入の対象となるわけです。ここにきて、悪臭規制は客観的な基準だけでなく、人間の主観的な反応をも取り込みながら、規制を徹底化する一方で、「家畜排せつ物法」でみたように、悪臭を出す糞尿だけでなく、養豚場ごと一掃する抜本策を取りました。

●当たり前のニオイから異臭へ

　ここまでで、人とブタの居住環境が分離し、ブタを遠隔化する過程と連動して、ブタが「当たり前」のニオイから「異臭」へ変わり、後に「悪臭」という否定的なラベルを付与されるに至った点が明らかになりました。

繰り返しになりますが、あらためてまとめておくならば、多頭飼育に移行するまで、ブタはたいていの家庭で飼育されていました。そのため、ブタの糞尿は村中の至るところにあったわけです。つまり、ブタの糞尿のニオイは自らの屋敷地のニオイでもあり、村一帯に広がる「当たり前」のニオイだったのです。しかし、多頭飼育化以後、産業化の過程でブタが増えていき、屋敷地のなかに収まらなくなると、屋敷地の外で飼育されるようになり、人とブタの居住空間が別々になっていきました。そうすると、ブタのニオイは、村の外から流れてくる「異臭」になったのです。

　このときすでに、ブタに対する信仰や意味づけは稀薄になっており、糞尿の利用価値も失われていたために、ブタの「異臭」は、たんに自分たちのニオイとは違うという、中立的な意味あいのままではいられなかったのです。こうした人とブタが物理的に分離した環境下で、悪臭言説は受け入れられていきました。

　ここでいったん立ち止まって、こう質問してみましょう。わたしたちは「ブタはくさい」と聞いたとき、直感的に「確かにブタってくさいよな」と納得していないでしょうか。つまり、ブタの悪臭は、ブタそのものに内在する特徴だと思ってしまいがちです。しかし、そうではないのです。

　現在、私たちは汗のニオイから、ワキのニオイ、足のニオイ、口臭、何から何まで消臭する無臭化社会を生きていて、「もちろん、ブタはくさい」と信じてやまないと思います。ですが、ブタと一緒に暮らしていることを想像してみてください。ブタと身近に暮らしていると、ブタのニオイは自分のニオイにでもあるわけです。自分のニオイとブタのニオイが区別できないほど、自分にしみ込んでくるのです。ブタを軒先で育てるということはそういうことです。9割の人がブタを飼っていた沖縄の場合、村中にブタのニオイをした人が溢れている、ということです。

人がブタと離れて暮らすようになると、人とブタのニオイは当然、別ものとなり、自分たちの家や村の「外」から漂ってくるものとなります。そうして、自分たちのニオイとは異なるブタのニオイは問題視されるようになったわけです。こう考えると、人とブタの居住環境が分離したこと、沖縄の人たちとブタが別々に暮らすようになったことこそが、ブタを「悪臭の発生源」とみなす支配的な言説の土台をつくったことになります。沖縄の人とブタの歴史から想像すれば、ブタの悪臭問題は、人とブタが別々に住むかぎりはなくならない。ブタの悪臭問題の解決は、現在やっている消臭対策の真逆の方向に見出せるはずです。

●悪臭規制の歴史

　ここでもう一度、4段階にわたる悪臭規制の歴史をおさらいしておきます。まず悪臭は、漠然としたものから具体的なものになり、ブタ、とくにブタの糞尿が「悪臭の発生源」と名指しされていきました。こうした悪臭の定義の変化と連動して、悪臭の排除のしかたも、漠然とニオイに蓋をして閉じ込めるものから、具体的な発生源に的をしぼって積極的に除去するものへと大きく変わっていきました。それでも消せない悪臭は、養豚場ごと移転させたり廃業させたりするなどして除去されました。

　こうした移転や廃業を促す近年の法令は、悪臭に対する徹底した不寛容さと、それに合わせた環境整備の重視を表わしています。それは、悪臭に対するさらなる嫌悪を助長する言説とも解釈できます。悪臭の捉え方や受けとめ方、その対処法の変化に目を向けると、養豚場の移設運動を起こす動力がここに駆り立てられ、保証される様相がみえてきます。

　悪臭の中身も、その扱われ方も、人びとの許容の度合いも、歴史的に変化するものです。人間の嗅覚を基準に取り締まりを強化する法令の誕生をもって、悪臭に対する人びとの過敏さは加速するように思われます。悪臭の嫌悪と管理の歴史は、客観的な基準のみならず、人びと自身の主観的な反応までも、その根拠に組み込むことで、さらに進展していくで

しょう。

4．養豚文化復興運動

ここまで、ブタのニオイを悪臭とみなす言説と、それを可能にした環境の変化から、ブタへの嫌悪が生み出される経緯をみてきました。ここからはうって変わり、「くさく嫌われる」ブタが、それでも好かれる、という話に移っていきます。それは「養豚文化復興運動」というもので、ブタの復権をかけた闘い、とでも言うべき運動です。沖縄在来の「アグー」というブタが、戦後衰退して、最近になって再び復活したという話です（図7）。

まず、在来ブタ「アグー」が衰退した背景として、戦後、ブタの品種が在来ブタから外来ブタへ移行したことが関係しています。これは、効率性を追求するなかで、在来ブタよりも外来ブタのほうが多産で成長が速いなど、生産効率のうえで優れているとされたからです。その結果、アグーは、沖縄からほとんどいなくなってしまいました。

しかし、1980年代後半から2000年代にかけて、在来ブタ「アグー」は、外来ブタと比べて、美味しさや栄養価の高さにおいて優れているとされ、

図7　在来ブタ「アグー」

再評価されるようになります。とくに「ウチナームン」という「沖縄のもの」に高い価値をおく流れのなかで、アグーも「沖縄のもの」として高く価値を認められるようになりました。

　アグーの再評価の背景には、「沖縄文化の衰退」に対する危機感がありました。第二次世界大戦後、アメリカ統治を経て、沖縄が近代化するなかで、その伝統が失われたと嘆かれていました。そのなかで「沖縄文化」のシンボルになったのがアグーだったのです。

　沖縄の地元紙を見ていると、真っ黒なアグーの姿を映し出し、白い外来種と対比する記事を頻繁に目にします。一例を挙げれば、地元紙『沖縄タイムス』の60年記念企画として、沖縄の戦後復興を振り返る特集が組まれました。その際にも、黒ブタのアグーと白ブタの外来種が対比されました。この記事は具体的に、沖縄の戦後復興60年間を「黒ブタから白ブタになる」歴史に重ねあわせ、黒ブタのアグーが衰退し、白ブタの外来種が隆盛する経緯を描いているものです。アグーの衰退が、沖縄の伝統の衰退とほぼ同義に扱われているのです。

　ただし、ひとつ注意したいのは、沖縄の「昔のブタは真っ黒ではなく、イロ・マンチャー（まだら）だった」と言われていることです。もちろん、沖縄には黒ブタもいましたが、まだらのブタも珍しくなかったのです。しかし、近年の復興運動では、白い外来種と対照的な黒ブタこそが「沖縄のブタ」ということになっているわけです。つまり、在来ブタの黒い毛の色が、白い外来ブタから明確に差異化するための重要な目印になったわけです。黒い毛の色が、一目で見てわかる在来ブタの特徴、ひいては「沖縄文化」のシンボルとなったのです。

　それゆえ、アグーを復興しようとした1981年当時、雑種化して混血のみだったアグーは、戻し交配という技術によって純粋種に近づけられ、真っ黒になっていきます。

　このように、アグーの復興は、沖縄の地域的なアイデンティティの見

直しと一体となった運動だといえます。そこでは、養豚文化のポジティブなイメージをつくろうとした、つまり「くさい」ブタというネガティブなイメージを払拭しようとしたと解釈することもできます。

　しかし、沖縄の大半の人が実際にアグーに触れる機会はほとんどなく、メディアでの表象、すなわちテレビや新聞でアグーの写真や映像を眺めるのみとなっています。なぜなら、分業化の進んだ現在の沖縄では、一般の消費者が直にブタの姿を目にすることはなくなったからです。それにくわえて、2009年のデータでは、在来ブタ・アグーの出荷頭数は外来種の１割にも満たない600頭程度でした。このことから考えると、沖縄の消費者はおそらく口にしたことも少なかったのではないかと思われます。現在、以前より増して、アグー肉の流通は増えていますが。そのため、分業化の進んだ現在の沖縄では、一般の消費者の人びとは、直に生きたブタ（アグー）の姿を目にせず、メディアを通してだけ、アグーのイメージをもつのみとなっているのが現状です。

５．おわりに

　現在の沖縄では、ブタへの嫌悪と好意の両極端な態度が併存していることが分かりました。豚肉好きの一方で、その肉を生み出す、生きているブタは「くさく」て嫌われ、また他方で、在来のブタ・アグーへの好意的な表象が生まれています。この矛盾がどのようにして生まれたかというと、ブタの自家生産・自家消費から産業化（専業化・分業化）へと移行したことが大きな要因でした。この産業化のなかで、人とブタを取り巻く環境も大きく変化してしまいました。

　現在、アグーは「沖縄文化」のシンボルとなり、人びとから愛でられていますが、今のところ、沖縄の人とブタが昔の自家生産・自家消費の時代と同じような密なかかわりをもつのは難しい、といわざるをえません。というのも、アグーを復活させ、愛でたところで、沖縄はすでに産

業化し、環境も変わってしまっているからです。昔のようには戻れないのです。

　もちろん、アグーの復興運動それ自体は、ポジティブな意味をもたらしています。自分たちの文化や伝統に誇りをもって地元を活気づけていこうということ、それ自体は大変大きな意味があります。しかし、現在の沖縄の人とブタの関係は、たんなる「文化」の問題なのではなく、沖縄が経験した産業化や環境の変化の問題でもある、ということもまた、私たちは理解しなければならないのです。

　このことは、沖縄の人とブタの関係だけでなく、産業化を経験した、日本のほかの地域の人と食用動物の関係についても言えるし、他国の人と動物の関係にも言えることですが、今日のお話はここまでにしておきましょう。

　（本論は、拙著『沖縄の人とブタ――産業社会における人と動物の民族誌』（2015年、京都大学学術出版会）の一部を抜粋し、加筆修正している。）

日本人の食べ方・味わい方から見る日本の文化

山本道子

(やまもと　みちこ)株式会社村上開新堂代表取締役。1945年生まれ。慶應義塾大学文学部卒業。夫の転勤に伴い5年間のニューヨーク在住から帰国後、明治7年創業の家業・村上開新堂に携わる。著作に『お菓子の香りにつつまれて』(文化出版局、1980年)、『かくし味は、しょうゆ』(文化出版局、1999年)などがある。

　こんにちは。山本道子です。私は中等部から慶應で、大学は文学部国文学専攻でした。中等部に入ったのはとても昔で、慶應が100周年を迎えたときです。その年の12月に東京タワーが完成しました。いまでは都電は荒川線しか残っていませんが、当時はまだ路線がたくさんあって、四谷から赤羽橋のほうに丘を越えていく路面電車に乗って、私は毎日学校に通っていました。その丘の上が東京タワーでしたので、ちょうど東京タワーがどんどん高くなっていくのを見ながらの通学だったのです。映画になった『ALWAYS三丁目の夕日』の時代に私は中等部に入ったのです。

1．はじめに

　私の生家である村上開新堂の商売は古く、明治7年に創業しています。明治維新で明治天皇が東京に来られるときと同じタイミングで、私の曾祖父も東京に出てまいりました。羊羹がたいへんに有名な虎屋の黒川さんらも一緒に東京にいらっしゃいました。当時、私の曾祖父には洋菓子

の素養はまったくなく、明治3年、横浜でフランス人に習ったのが最初です。みなさんにとっては西洋風の味はごく身近なものですが、そのころはそういうものはまったくありません。ですから、手伝っていた妻、私の曾祖母は、はじめはバターのにおいが嫌でたまらなかったと言っていたそうです。そうしたなかで明治16年、国賓や外国の外交官を接待するための社交場である鹿鳴館ができます。西洋化政策が進むなか、鹿鳴館などで出すお菓子も私の曾祖父は作って出していたようですが、ただ、鹿鳴館外交はたいへんに評判が悪くて、すぐやめてしまったようです。

村上開新堂という名前はお菓子屋らしくありませんね。よく「塗り物屋さんですか」、「薬局ですか」と聞かれますが、時代を考えていただくとおわかりになるように、文明開化の時代を反映した名前になっているのです。

● ニューヨークでの体験

私の主人は商社マンで、1969年から1974年までニューヨークに滞在しておりました。私もお菓子屋の手伝いは多少していたのですが、結婚して子供ができたこともあって、本格的にはうちの仕事にかかわっていませんでした。ただ、せっかくニューヨークにいるのだからと、向こうのお菓子や料理をいろいろと作ってみることにしました。参考にしたのはニューヨーク・タイムズです。品位のある新聞ですからレシピもきっちりしており、そこに紹介されている料理を片端から作ってみました。横文字で書かれているレシピで作る料理を翻訳レシピにしてしまうと、変わってくる。何かが抜けていく。現地の材料を使い、横文字のままのレシピで作るのが面白くて、子育てをしながら、いろいろな料理を作ってお客さんをもてなしていました。

開新堂のお客様のなかに、北大路魯山人（1883年-1959年）も褒めたという「丸梅」という料理屋さんのおかみさんがいらっしゃいました。私がニューヨークに行くにあたって、その方が「あなた、何でもいいから

見てきなさいよ」とおっしゃった。本当にいいことを言ってくださったと思います。私は「いずれにせよ、やがてうちの商売をするだろうから、「食」は、私のこれから一生のテーマになる。だったら、片端から見て、味わって、作ってみればいいかな」と思いました。本当にその一言はとてもありがたかったです。

●外国人対象の料理コンテスト

　ニューヨークから帰国後、キッコーマンさんから本を出していただきました（『新しい暮しの味』1975年刊。非売品）。これ以来、料理講習会などキッコーマンさんの仕事をするようになりました。1981年、日本に住む外国人の方を対象にした、おしょうゆを使った料理コンテストをキッコーマンさんが実施され、私に審査員のお役が回ってきました。私に声がかかったのは、アメリカにいたから、いろいろな料理のレシピも横文字のまま読めるということもあったと思います。キッコーマンさんは昔からのうちのお客さまでもあったので、お手伝いすることにしました。

　このコンテストで面白かったのは、創作料理では例えばジャムと醬油で甘辛ダレを作るとか、ベジタリアンが炒め玉葱に醤油を加えて、それをのせて、パンを焼くなど、とても新鮮な醤油の使い方でした。一方で、自分の自慢料理に、場合によっては、取って付けたように醤油を使っているものもありましたが、その多くがお国ぶりに溢れた家庭料理でした。日本人が海外に旅行に行っても、その国の家庭料理はなかなか食べられません。駐在員として滞在しても、日常的に食べられるものではなく、たまに現地の友達の家族に家庭料理を食べさせてもらえる程度です。このコンテストには家庭料理が山のように応募されてきて、いろいろな国のさまざまなところが見えてきたのがおもしろかったです。

　コンテストは11回ほど続いたと思いますが、たとえばレバノンの方から毎年レシピが送られて来ていました。そのなかに松の実が出てきます。松の実はかならず炒めて使うのですが、ピンクになるまで炒めてと書い

てあるのです。本当はピンクではなく、ちょっとベージュが明るくなったような感じの色ですが、さまざまな方からたくさん送られて来るどのレシピにも、松の実については「ピンクになるまで炒めろ」と書いてありました。レバノンの人たちにとって松の実がいかに大事かわかってくる。たいへんおもしろい経験をさせていただきました。

　このコンテストが終わった後、1995年から2004年まで、さまざまな大使館や公使館の方をお迎えして、3、4品の料理を作っていただく講習会をひらきました。全部で71か国についてやりました。たった3、4品ですが、実におもしろかったです。

　中央アジアや東ヨーロッパ、アフリカなどの国と私たちは普段ほとんど接点がありません。アフリカでも中央アフリカの国は残念ながらあまり豊かではないため、おかゆのようなものと、トウモロコシの白い粉を煮たようなものと、ひらきのような魚ぐらいしか、講習会のメニューがありません。でも、その土地の実際の食べ物に接することができて、たいへん興味深かったです。

　中央アフリカでは、この白いトウモロコシの粉を煮てつくる主食を食べていますが、おだんごにするところもあれば、水分たっぷりで葛湯のように喉の通りがいいのもありました。おだんごみたいなものは、すこし冷めたら、もう喉につかえます。日本のご飯はまだお冷になっても食べられますし、ふかしても食べられます。いまだったら、電子レンジで温めてもいい。でも、中央アフリカでは、冷めると食べられなくなるので、食事の度に毎回つくらなければなりません。それを担っているのは女性ですから、主食を毎回作るのが女性の役割の国では、女性の力がほかに振り向けられません。なかなかその余裕が出ないこともわかってきます。

　もちろん、いろいろな階層があって、使用人に全部やらせている場合もあります。料理の講習会といっても、ただ「おいしいな」「変わった

味だ」などという味一本ではない講習会をさせてもらったのは、私にとっては非常に意義深い体験でした。そうした奥底に流れているもの、あるいはなにか昔から脈々と伝わってきたものを感じられるようになると、こうした講習会は興味深くなります。

●昔からつながる何かを読み取る

　私は慶應中等部で、いま、慶應の名誉教授でいらっしゃる西村亨先生に国語を習いました。国語というよりは、折口信夫先生の話を私たちに難しくなく、子守歌のように聞かせてくださった授業でした。国語なのに、なぜか最初はエジプトのロゼッタストーンの話から始まったことをよく覚えています。ロゼッタストーンに刻まれた、エジプトの古代文字であるヒエログリフがいかにして解読できたかという話から先生は始められたのです。それが古代への興味につながっていき、折口さんの話をたくさん聞きました。中学校でそういう話も聞かせてもらったのは、幸せだったと思います。折口さんの書かれたものは、文学の解釈をはじめ、天才的な民俗学の視点から語られています。

　その折口学が身についたとまで言うつもりはありませんが、祭りなどいろいろな習俗のなかにも昔からの何か意味合いがある。料理にも昔からの記憶が織りこまれている。昔からつながってきたもの、伝わってきたものに惹かれます。脈打つ何かがある料理こそ、生きている料理というふうに私には思えるのです。

2．「箸で食べる」ということ

　日本人は当たり前にしているのに、日本人以外の人たちはあまりしない、ほかの国の人たちとは違うことがたくさんあります。まず「箸で食べる」ことを取り上げます。

　私には娘が二人います。日ごろは忙しく、ゆっくり食事もできませんが、うちの稼業が昨年（2014年）創立140周年だったこともあり、たまに

はと娘たちを連れて上等なお料理屋さんに行きました。お味もすごくよかったし、器も素晴らしかった。最後のデザートにアイスクリームが出されました。それについていたスプーンが、フランス銀器の老舗、クリストフルのもので、裏側に精緻な彫りが施されていました。そのスプーンでアイスクリームをいただいたわけです。大きなデザートスプーンというほどでもないのですが、口に入れたスプーンを口から出すとき、手前に引くと、彫りのざらざらした感触が残ります。アイスクリームの口どけ以外にざらざらが舌に残ったんですね。

　脂肪球を細かく砕いていない（ホモジナイズしていない）と、脂肪の塊が大きく残って、そこが冷やされて脂が固まってしまいます。この料亭でいただいたのは滑らかなアイスだったのに、お匙が私の舌にちょうど脂が残るような感触を残していった。これは非常に高級なお匙なのに、味に大きなマイナスを与えているわけです。

　そのときにしみじみと思ったのはお箸のことです。お箸は、先端で食べ物をつかむので、その点に集約されます。物をつかんで口に入れるけど、口まで運べればいい。ですからお箸は口のなかに干渉しない。こうしたお箸のすごさを、このお匙で食べながら思いました。

　日本のお箸は金属ではなく、木や、木に漆を塗ったものを使います。中国や韓国にもお箸文化はありますが、韓国の方たちは、たとえばビビンパを食べるときに、お箸で具を取り、あとはスプーンでよく混ぜて、スプーンで召し上がります。そして金属のお箸が多い。昔の中国では象牙を使っていました。どちらにしても、汁はスプーンやちりれんげなどですくって飲んでいる。

　これは茶道史の研究者である熊倉功夫先生の受け売りですが、日本の貴族の宴会の図を見ると、お匙もセットされている。平安時代の貴族の食卓にはお匙はあったけれど、その後、いったん、お匙は使わなくなったのです。スプーンを使うほかの国では、洋の東西を問わず、お椀を持

ちあげてはいけないというマナーがありますが、お匙がない日本人の食のシーンでは、お椀を手で持ち上げ口に持っていくことがマナーとして許されている。日本人はお椀から直接飲むようになりました。ダイレクトに飲みますから、空気を混ぜながら飲まないと、熱くてしようがない。そのために、汁をすすって音を立てることも不作法ではなくなったのです。

　たとえば、タイ料理にトムヤムクンという辛いスープがあります。先ほどお話しした71か国の料理講習会をしたときに、タイ大使夫人がこのトムヤムクンをつくってくださったのですが、「これはかならず匙で飲んでください。ぐっと飲んで、トウガラシがのどに張りついてしまったらたいへんだから」とおっしゃいました。トムヤムクンは、お匙で飲むものなのです。熱さだけではなく、辛さ対策からも匙が基本なのです。

3．口中調味
●日本人のご飯の食べ方

　「口中調味」、あるいは「口内調味」と呼ぶ方もあると思いますが、これも日本人の食べ方の特徴として挙げられます。

　みなさんの世代では、給食で三角食べを奨励された時代は過ぎていたと思います。1970年代に一部の学校給食指導で言われていた三角食べは、ご飯、おかず、汁物を順に均等に食べてゆく食べ方です。三角食べという言葉は比較的新しいとしても、ご飯を食べて、おかずを一口食べ、またご飯を食べて、汁を飲むという食べ方は、日本人の食べ方の基本になってきたものです。白いご飯はキャンバス地のようなものです。白いご飯と取り合わせながら、日本人はずっと食べてきた。だから、この食べ方はとても大事だろうと思うのです。

　日本人はご飯茶碗にご飯を入れますが、以前一緒に仕事をした東洋系アメリカ人のフードエディターは、日本のご飯茶碗に入ったご飯は、砦

のように囲まれているから、どう食べていいのかわからないと言っていました。これを西洋風な感じで食べるには、お茶碗のなかのご飯をお皿の上にあけるのだそうです。そうしないと食べられない。もしも日本人がそうしないと食べられないと言ったら、ちょっと悲しい。もちろん洋風のものはそれでいいのですが、日本人誰もがご飯をお茶碗で食べますよね。ご飯だけ残ってしまう「ばっかり食べ」という食べ方も最近は出てきているようで、なげかわしいという言葉もときどき聞きますが、基本はご飯とおかずと汁を3点交互に食べていく。それで私たちの味覚の繊細さも本当は養われているのだと思います。

●素材の「素」の味わい

　日本の食の特徴のなかには「素」ということもあります。素材の「素」ですね。素材の味を大切にしていて、素材の味が消えない調理がたくさんあります。そこには「素」から組み立てていける日本人の感性や味覚がありますし、味がごちゃ混ぜにならず、一つ一つがわかる感受性は日本人の舌ならおそらくあるはずです。

　たとえばみつ豆です。本当は茹でた赤豌豆が主役だったので、こういう名前がついていますが、みつ豆には寒天が入っています。もともとは海に生えているテングサを干したものが一番美味しいのですが、それを水で煮て、できたのが寒天です。ところてんも同じです。それを角切りにして、蜜をかけます。この寒天自体には甘さがありませんし、テングサのにおいしかしません。それに蜜を舌で絡めて食べている。みつ豆をアメリカ人の友人に食べさせると、寒天のところは"No flavor"（香りがない）。においも甘みもついていないから嫌だと。それに蜜をかけることによって、口のなかでちょうどよくなっていくわけです。「口中調味なんて面倒くさいことをしながら、ご飯を食べていないわ」と思う方でも、みつ豆はそうして食べているはずです。アジアには比較的そういう食べものがたくさんあるので、日本人だけでなくアジアの人たちは楽

しめると思いますが、西洋人にはだめですね。本当にノーフレーバーだと。寒天のなかに砂糖を入れたり、においをつけたりしたものはいいのですが、みつ豆はいまのところ苦手な人が多いと思います。

　日本の和食がユネスコで無形文化遺産に登録されました。そうすると、日本のものは何でもいい、何でも好きだという人は、どんどん難しいところへチャレンジする。その難しさのなかに、こうした寒天に蜜をかけて食べるという難しさもある。そうしたものも恐れずに外国に紹介していこうと、私もいま、いろいろとチャレンジしているところです。でも、一般的にはそう簡単ではないですね。自分たちの育ってきた味わい方が、みなさんにあるのと同じように、それぞれの国にもあります。

●総合的になったスパイシーさ

　ベトナムのフォーやタイ料理など、東南アジアではさまざまな種類のハーブをたくさん使って食べます。私も大好きです。においの好き嫌いはあっても、ハーブというのは、噛めば汁が出るような、そして香りも生の香りが立ってくるようなフレッシュなものです。一方、インドのカレーなどで使われるスパイスは種だったり皮だったり、あるいはシナモンのように木の皮を干したものだったり、クローブのようにつぼみを干したものだったりします。こうしたスパイスは香りがすごく強いし、素材にまとわりついてくる。食べた方の舌にもある程度まとわりついてきます。

　日本人もカレーを食べるではないかと言われれば、確かにそうです。しかし、日本人は粉と脂でルーをつくって、それをソースにするというイギリス式カレーを踏襲しています。しかも、日本で市販されているルーには強いとろみがついています。カレールーとして売られているわけですから、スパイスはすでに複合されています。そしてスパイスは複合すると、逆に香りがまろやかになる。ひとつのスパイス単独ではきついのですね。

日本のカレーは、スパイスが複合して、ひとつの「カレーの匂い」になっているのです。だからこそ子供の一番好きな食べ物で、統計を取ると、ベストワンになるのだと思います。インド料理屋さんに行って、豪華なセットなどを頼むと、スパイシーなカレーっぽい料理がたくさん出てきます。日本では、そう何品もスパイシーなものはいらないという人が多いかもしれません。もちろんなかにはスパイスがとても好きな方もいらして、こういう人はいくらでも食べられるし、楽しめると思いますが。

　カレーの話が出たついでですが、日本の市販のカレールーの箱などに書いてあるカレーの作り方は、肉を炒めて、ニンジン、タマネギ、ジャガイモなどの野菜と一緒にたっぷりの湯（スープ）で煮ます。野菜が湯のなかで踊るくらいの水分量です。そこへルーを溶け込んでいきます。一方、インドのカレーのつくり方はまったく違います。3人前から4人前のカレーなら、タマネギを3、4個みじん切りにして炒め、1カップ未満の水とスパイスで料理して、カレーにします。これは次の水の話にも関連してくるのですが、日本人のつくるものは、カレーと外国の名前がついているものでも、日本的な作り方をしているのです。

●日本人ならではの食べ方

　カレーライスやハヤシライスの食べ方も、日本人ならではのものがあります。

　開新堂の姉妹店ドーカンの隣に以前はイタリアのフィアットという自動車会社があり、イタリア人の方たちはうちでよく鶏のクリーム煮を召し上がっていました。うちの店の鶏のクリーム煮のご飯の上に、ショウガの細切りの煮たものをちょっとのせて日本的アクセントをつけています。それを出しますと、イタリアの方はご飯とソースとショウガを最初に全部混ぜます。だから、本当にリゾットみたいにみえるのです。ところが、日本人の方は混ぜ合わせません。

日本の人は、ご飯を塊ですくい、ソースも同じ匙にすくいます。あるいはひと匙分を軽くまぜて、口に運びます。だから、ソースものを食べる味わい方で、空気を一緒に食べているのが日本人の食べ方のひとつです。ほかのおかずを食べるときでも、あまり全部を一緒くたに混ぜてしまうことをしません。

　ご飯とソースは、混ぜれば混ぜるほど空気が抜けていってしまいます。混ぜた後では味が違う。開新堂のレストランではフランス料理を提供しているのですが、新しい料理の考案中、味がきつすぎる場合には、たとえばゼラチンで固めたようなものでも、フォークなどで崩して空気を入れてしまえば、途端に味が軽くなります。

●空気を一緒に食べる

　ご飯そのものも、空気を一緒に食べています。ご飯の含む空気が味に影響するのはお寿司です。先日、イギリスの人が巻き寿司の機械を作って売ったら、大当たりしたという番組を見ました。海外ではカフェやパーティー、ケイタリングなどで需要が多いからでしょう。日本の文化はすでに日本を巣立っていったという感じがします。お寿司ロボットは日本から海外に輸出されたり、外国でつくられていたりします。よその国でつくり出している場合は、日本風ではなく、自分たちの方法論で自分たちの好きなようにsushiを作っているのだなと思いました。

　売っているお寿司を値段で分けるとすると、一番安いお寿司は、ご飯が多くて、ネタの魚が小さい。そうした大量生産やテイクアウトにもかなり質の高いものが出てきています。一方、お店で握ってもらう江戸前の寿司は値が張りますが、その分えも言われぬ握り具合で、空気がほどよく残っている。大きさもほどよく、魚と一緒になったバランスが絶妙です。

　江戸から離れ、西に行くほど押し寿司が多くなります。押し寿司というのは、握るのではなくて押すから押し寿司です。これは空気との関係

にまつわる名前と言えば言えます。発酵したお魚とご飯を使ったなれ寿司が押し寿司のルーツで、ぎゅっと押されることで水気と空気が少なくなるのです。さらにお酢も使っているので、傷みにくくなるわけです。伝統によっては、人が取っ手のところに座って重しをかけるようなこともあるようです。塩だけを入れた酢を使う江戸前寿司（だんだんお酢の種類が変わってきたので多少の砂糖が入るようになったという）とはちがって、押し寿司は砂糖をたくさん入れ、酸味がきつく出過ぎないすし酢を使います。これはまったく私の私的な経験ですが、西の方で握りを食べると、江戸前といっても、東京より少し甘いという思いを何回かしました。

4．気候と風土

「気候と風土」というと、テーマは大きそうに聞こえますが、それほど大きなことを言うわけではありません。俳句は日本の気候風土で育ってきた文芸ですから、俳句を見てみましょう。

慶應義塾大学の「慶應大学俳句研究会」は、1946年に清崎敏郎先生が楠本憲吉氏、大島民郎氏と設立。清崎先生は先ほどお話しした、西村亨先生とほぼ同時期に、大学では折口信夫先生に学び、俳句は虚子に師事したすばらしい俳人でした。清崎先生が慶大俳句などで育てた、虚子の系譜の俳人として、俳誌を主宰する方だけでも、鈴木貞雄さん、行方克巳さん、西村和子さん、本井英さん等。本井英さんは虚子研究家としても、第一人者です。私は、この西村さんと対談する機会にめぐまれました。西村和子さんの俳句を紹介します。

　湯上りの爪立ててむく蜜柑かな
　愚痴聞きつ手持無沙汰の蜜柑むく
　蜜柑むき大人の話聞いてゐる

蜜柑が俳句では秋の季題（『ホトトギス新歳時記』に拠る）です。「蜜

柑」という同じ言葉が出てくるにもかかわらず、そこでさまざまな情景を描くことができます。それが季題の力なのですが、一方でこの蜜柑というものの独特の性質もあるのですね。

　いまは昔に比べると、蜜柑は人気がないと言われています。蜜柑の生産量は圧倒的に多いので、そうはいってもみなさん、結構たくさん食べていると思います。存在がさり気なさすぎて、「うわあ、蜜柑を食べられてうれしい」といった感動があまりなくなってきた果物なのかと思います。

　ただ、蜜柑が特殊だと思うのは、こんなに皮のむきやすい柑橘類はほかにはないのです。だからこそ、この俳句ができるわけです。オレンジを例に考えてみてください。香りはとても高いのですが、皮を手ではなかなかむけません。ナイフなどで切れば、香りが出ますが、比較的乾燥して暑いところで生産されるオレンジなどに代表される柑橘類は、乾いてしまっては大変なので、自分のなかに汁をどんどん抱き込んでいくために皮を厚くしていく。だからこそ、香りも強くなるのだと思います。

　一方、蜜柑は穏やかで緩い。蜜柑は指でむけます。基本的には水気もたっぷりしていますが、日本の湿潤な気候のなかでは、蜜柑は「この水気を逃がすものか」と気張らなくてもいい。もちろん私が言ったようなことで、そうなったかどうかはわかりませんが。

　私たちは普通、単に「蜜柑」と呼んでいますが、フルネームは温州（うんしゅう）蜜柑です。温州は中国の浙江省にある地名で、温州蜜柑はもともとこの地でできたものです。中国にはたくさんの種類の柑橘類があるそうです。私たちが食べている温州蜜柑は中国をルーツとしていますが、日本の九州に入ってきて突然変異を起こしたという研究もあります。日本の風土で育まれてきたのが蜜柑なのでしょうね。

　いまは逆に浙江省に日本の蜜柑を持っていって、中国でも栽培しているようですが、気候が異なると、同じようにはできません。大根にして

も、40年以上前にアメリカに住んだ頃手に入ったのは、同じ名前なのにこんなにかちかちなのかと思うほど堅いものでした。アメリカに住む韓国系の人たちが、アジアの野菜を作り出していて、それぞれに工夫しているので、またどんどん変わってきていると思いますが、そこの風土で普通に育ててしまうと、硬くなってしまうようです。

「湯上りの爪立ててむく蜜柑かな」——この句では、湯上りで暑くて火照っているときに、「爪立てて」、早く食べたいという、ちょっと急いた気持ちがあるのでしょう。爪を立ててむくときに、ぴゅっとむけないと、この句は成り立たなくなってしまうのですね。2-3センチ四方の皮がむけました。また頑張って、同じぐらいの大きさの皮が取れましたというのでは、この句の湯上りで爪を立てた甲斐がなくなってしまいます。これはやはり日本の蜜柑の性格がなければ詠めない句ですね。

「愚痴聞きつ手持無沙汰の蜜柑むく」——愚痴を聞いたり、子どもが大人の話を聞いたりしながら、蜜柑をむいている。蜜柑の皮むきは、他の何かをしながらでもできる。たとえばリンゴを一生懸命にむいたり、オレンジをむいたりするのでは違ってきます。オレンジにナイフで切り目を入れたり、実と皮の間にちょっと切れ目を入れたりしていると汁が出て手も濡れてしまいます。この句のように適当な相づちを打ちながら、皮をむくことができるのは蜜柑ならではですね。

西村さんは俳句の名人なので、こうした句のなかに自分たちの風土のようなものがごく自然に詠み込まれています。対談のときに、「ああ、そうなのね」と詠んだご本人がおっしゃったのですが、句を詠むことで、自分たちの文化のどこかに手を伸ばして、すくい上げてくる。もちろん季題には、日本の風土が入っている。ここには、根なし草ではない強さがある。俳句に熟達していらっしゃるからかもしれませんが、仮につたなくても、気候と風土の根に迫っていけるところがあるのかと思います。

５．日本は水の国

　先ほど、アメリカで栽培されるようになった大根の例を挙げましたが、日本では水気が多いので、大根も傷んでしまいます。地方出身の方ならその情景がわかるかもしれませんが、大根は一時期にたくさんとれます。大根ができるのは寒い時期です。ただ、そんなにたくさん一度にとれても、そうそうたくさんは食べられません。保存する必要があるのです。

　ではどうするか。日本人がずっとやってきたのは大根を漬けることです。最初に掛け大根といって、大根を掛けて風に当て、最低限の水気を飛ばします。それから塩をして押すことで、また水が出てきます。水が多い気候はいいことばかりではないわけで、日本人はこうしたプロセスを使って、水を上手に抜いて大切な食べ物を保存してきたのです。田舎に行ってみると、大根は冬中欠かせないもので、ナマでも食べるし、加工しても食べるものです。

　日本人は水をコントロールするだけでなく、水をたくさん使うこともしてきました。「晒す」という料理技法があります。晒すというのは、たっぷりの水、あるいは流水で、野菜のアクやタマネギの辛みを抜く方法です。この「晒す」にしても、水がたくさんなかったらできません。

　たまに例外的に渇水になることもあります。たとえば四国地方が水不足になったとき、讃岐うどんのお店ではうどんをゆでるのをやめました。また、お皿を水で洗わなくてすむように、お皿の上にラップを敷いて、そのラップを取り替えて、ご飯を食べたということもありますが、日本は基本的に水がたくさんある国です。

　海外71カ国の料理をやったときも、レシピに「タマネギの薄切り」と書いてあると、お手伝いスタッフは自然にタマネギを水に晒してしまいます。料理をわかっていると思う人ほど晒してしまうけれど、この晒すという行為は日本独特なので、外国の人には「このタマネギの薄切りは晒すの？」と確認しなければいけないのです。グローバルな場で本当に

難しいことは、自分の価値観だけで判断してはいけないということです。

　71カ国のうち、カザフスタンの人がうどんを打ってくれたことがありました。スープには、ヒツジの肉とジャガイモ、タマネギ、ニンジンなどが入っています。カザフスタンは水が少ない国なので、うどんを打つとき、必要最小限の水と粉をボールで混ぜ合わせます。その後、だんご状になった生地を寝かせるのですが、日本のようにラップでボールを包んだりはしません。生地の上に、使っていたボールを逆さまにかぶせるだけです。そして自分の手についた粉と生地も水では洗わない。手に粉を振りかけて、両手でこそげ落とします。さらにその生地を麺状にした後、下ゆではせずに、いきなりスープのなかに入れてゆでていらっしゃいました。なるほど、水の少ないところに生きる人たちの知恵だなと思いました。

　この講習会にはモンゴルの方たちも参加してくださいました。モンゴルでは煮込む料理が多いのですが、その途中で鍋から立っている湯気を一生懸命に手で自分の方へ送っているのです。「何をしているの?」と聞いたところ、「塩気を嗅いでいるのです」と言われました。「え、湯気で塩気がわかるの?」とびっくりしました。71カ国の料理のなかで最もびっくりしたことかもしれません。確かに料理に塩が回ってきたときには、いろいろな素材の立てた匂いが少し寝ることは予測がつくのですが、それで塩加減をジャッジするというのはすごいと思ったのです。

　モンゴルの方でも都会に住んでいる方は視力などが落ちてきますが、草原を走り回って生活している人の視力は2.5ぐらいあるのだそうです。そうした遊牧の人たちにとってはあまり大地を耕すことはよくない。神様の大地を荒らしてはいけないと言われている、と聞いたことがあります。ただ自然に生えているものは使ってもいい。野生のニンニクや野生のニラが遥か山の上の方に生えていても、遊牧の人たちは2.5の視力で見えるので、それを料理に使う。いまはどうかわかりませんが、以

前、野生のニラを食べて育ったヒツジの肉はエネルギーが違うから、いい値で売られるということも聞きました。

6．弁当箱と日本文化をひろげること

　私にも中学生の孫がいますが、みなさんの世代ではお弁当が進化しているのでしょうか。みなさんもお使いかもしれませんが、保温がしっかりしていて、しかもおつゆがこぼれない弁当箱や保温ジャーなどがありますね。あれでラーメンを持っていくこともできるそうで、それを聞いたときに、「え、ラーメンってのびちゃうでしょう？」と言ったら、いまはのびにくいラーメンもあると聞いて、なるほどと思いました。

　先日、フランス人が始めた京都の弁当箱屋さんが大当たりしているというテレビ番組を見ていました。海外での取材も紹介され、漫画オタクのフランス人女性のキャラ弁が映りました。何故か空色のご飯でした。漫画の世界が、弁当の食べ方、食べる場など、異文化に伝えにくい文化の型を伝えて、今や世界的なブームになっています。一方、日本の幼稚園では、キャラ弁は少し下火、あるいは自粛気味になってきているそうです。

　この弁当箱屋さんは、機能性の高い弁当箱や、日本の塗り物の弁当箱など、いろいろなものを売っているようです。最初はインターネットだけで営業を開始して、その後、実店舗をひらいたそうです。

　先日、東京のあるところでお弁当箱売り場を眺めたのですが、そこには京都で大成功したお弁当箱もたくさん置いてありました。ただ、弁当箱がざっと並んでいるだけで、そこには何の表示もインフォメーションもありません。では、そこに人がいてマンツーマンで売っているかというと、そうでもない。海外からのお客さんも見ていましたが、ただ眺めるだけで去って行ってしまいました。

　ところが京都のフランス人のお弁当箱の売り方は違うのです。オンラ

インショップを見ると、機能性のあるもの、食洗機で洗えたり電子レンジで使えたりする、樹脂がかかった安価な塗り物、本当に伝統的な塗り物の弁当箱などがあり、それぞれにそうした機能が書かれています。たとえば伝統的な塗り物の場合なら「こんなに美しいから、丁寧に洗うことをいとわないと思うなら、買ってください」というインフォメーションがついている。このフランス人が成功したのは、この売りポイントがしっかりしていたからなのかと思います。

俳人虚子に、お弁当の句があります。

虚子は昭和11年、船でヨーロッパに出掛けていきました。そのときの日記にこうあります。

　　　昭和十一年四月二十六日　さらに桜の名所ヴェルダーに車を駆る。藤室夫人携ふるところの日本弁当を食ふ。群衆怪しみ見る。
（『五百五十句』所収）

そのころの駐在の奥様たちが虚子のお世話をして、あちこちに連れていかれたのでしょう。ヴェルダーというところに花見に行ったら、藤室夫人が持って来た日本のお弁当を、どのくらいだったかはわかりませんが、周囲の人が怪しみ見たと。

そして虚子はこう詠んでいます。

　　　箸で食ふ花の弁当来て見よや

先ほどもお話ししたように、箸は本当に日本の食の原点といったところがあると思います。お弁当も長く日本人に愛され食べられているもので、いまだに幼稚園などに通う子どものために、お母さんはお弁当を作らなければならないのは大変ですが、そうした習慣・風習がずっと続い

てきたからこそ、日本の大事な文化のひとつがつながってきているとも言えると思います。キャラ弁は行き過ぎなのかもしれませんが、どんな形にせよ、弁当を作り続けてきたことがとてもよかったと思っています。

　「花の弁当」の「花」は、俳句では桜のことです。花見の弁当ですね。いま桜の時期になると、日本的に一生懸命に飲み食いしている外人さんたちが結構います。和食の無形文化遺産登録を受けて、日本の文化を押し出していこうという気運が高まっていますが、そのエッセンスが凝縮した俳句を八十年前に詠んでいるというのは、さすが虚子ですね。これは日本の伝統文化の食文化がうまく一句になっていると思います。

　こうした私たちのなかに流れているものや、伝わっているものは無意識に留まっているものかもしれません。そういったところを少し意識的に捉えていくと、力になってくれるのではないかと、私はいま、考えています。日本を相手に伝える、外国に伝えるということはどういうことなのか。それを考えるときには、まず自分たちをよく見て、自分たちが何を思っているかということをよく考えてやっていけば、それはひとつの強みになるかと思います。

IV

東アジアの食餌
消化と健康

大道寺慶子

（だいどうじ　けいこ）慶應義塾大学社会学研究科訪問研究員・文学部非常勤講師。1975年生まれ。ロンドン大学アジアアフリカ研究学院。専門は、医学史、東アジア史。主要論文に「『婦女雑誌』にみる母乳育児：身体と近代」山本英史編『近代中国の地域像』（山川出版社、2012年1月）などがある。

　今日は「東アジアの食餌――消化と健康」というタイトルで、日本をメインにしながらも、東アジアというもう少し広い文脈のなかで、古代について少し、それから江戸時代を中心に明治から昭和前期ぐらいまでお話ししようと思います。

1．はじめに
　「食餌」とは、いわゆる食養生、食べることを通して健康で長生きをする食事のテクニックを意味する言葉です。食べること、そして健康で長生きすることはふたつとも人間の根源的な要求ですが、それが歴史の流れのなかで、どのように理解され、また実践されてきたか。これに対するアプローチとして、今日の講義では「消化と毒」という概念にフォーカスして、消化や毒に対する意識の源流をたどっていこうと思います。
　この食餌の歴史とは、昔の人が何を食べて長生きしようとしていたかなどを、たんに語ることではありません。何を食べたかよりも、どう食べたか、何を考えて食べていたのかなど、食べる人と食べるものとの間

にどんな関係があると考えていたのかが重要なのです。そこに人の身体観や、食べることについての身体経験を、人々がどのように意識してきたかを読み取ることができるからです。

　食文化論の大前提として、食欲や生存本能は生物学的に古今東西不変であるという古典的な見方も間違ってはいません。しかし、ものを食べることは、異物を体のなかに入れ、体内でぐじゃぐじゃにして、必要なものは取り入れ、不要なものは出すというひとつのプロセスです。そのため、そうした個人的な身体経験が、歴史的または社会的に規定される部分は多分にあるかと思います。言いかえると、それは集合的な文化経験や歴史経験とも言えるでしょう。そこで、今日の講義では「消化」を軸として「生理的に食べる身体」と「文化的、社会的に食べる身体」とがどのようにリンクされているかを意識して考えてみたいと思います。

２．古代東アジアの食餌観

●不老不死への欲望

　東アジアの、明治以前の身体についてお話しするに当たって、大前提となるのは「気」に基づく思想です。

　食べ物はたんに血となり肉となるだけではなく、大きな話をすれば、この世のエネルギーになります。英語でも最近は「気」を「qi（チ）」とそのまま使うようになりました。人の体も含め、この世の森羅万象は「気」から成り立っており、人体内部の気と外界の気も互いに相関しています。中国の科学、哲学、思想、宗教などすべてが共有する世界観なのですが、これは医学にも適用されています。複雑な人体の構造や人体の作用も、すべて気が大きくかかわっている。外の気をどう取り入れるか、そして体内の気をどうコントロールして、健康になり、長生きするかが、特に近代以前の身体観において非常に重要です。

　まず、古代についてお話ししましょう。東アジアにおいては、何を食

べるか、どう食べるかによって健康を維持し、病気を治し、究極的には不老不死を得ようとする欲求が出てきます。古代中国においては養生と呼ばれる技法です。

　ただ、長寿や長生きと、不老不死とは根本的にまったく違うものです。たとえば、4世紀頃に仙人を目指そうとした葛洪（かっこう）という人の定義によると、たんなる不死というのは、長生きした人にちょっと毛が生えた程度にすぎないのです。普通に気をコントロールできれば、100年、200年と長生きするのは難しくない。真に目指すべきは「仙人」になることであり、そのハードルはきわめて高いというのが、古代中国の定義です。

　この仙人がどういう人たちかといいますと、すごいことができる。たとえば翼もないのに、鳥のように雲のなかに入り、空を飛び、頭には角なども生えていて、尋常ではない顔の相をして、体に木々や毛がもじゃもじゃと生えている仙人もいます。おおむね人里離れたところを好み、俗人とはつき合いません。図1は、有名な「赤松子（せきしょうし）」という最古の仙人のひとりです。本当に古代の人々がこれになりたかったのか、ちょっと疑問ですらあります。一応、究極的には仙人はこんな生き物です。

　なぜ初めに仙人についてお話ししたかといいますと、日本では江戸時代になると、みんなが「こんな生き物はあり得ない」と言い出して、仙人を目指す方向には行かなかったのです。一方の中国では、仙人になる手法が共同幻想としてずっと生き続けました。思想や手法は古代よりもずっと洗練されますが、ただ長生きするだけではいけない。不思議な力を持ちたい、という願望が中国の養生術では多少なりともあり続けました。それが日中の養生文化の大きな違いの一つとも言えるでしょう。

　養生の技法には様々なものがあるのですが、「食餌の実践」も、その一つです。

　大まかに言えば飲食物を通じて「よい気」を取り込み、さらに自己の内部で滞らせずにピュアにすることが必要だとされていました。

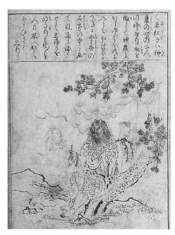

図1　赤松子
(『異形仙人つくし』菱川師宣、1689、京都大学附属図書館蔵)

●気血に基づく身体観

　養生における食餌法でどんなものがあったか、ご紹介しましょう。よい気を持つものを摂取し、毒になる気を取らないのが基本です。古代の薬物書のような書物によると、すべての薬物は上中下のランクに分かれています。下は毒、中は、悪くないけれど、取りすぎてはいけない。上はいくら食べてもいいというお勧めの食物・薬物です。

　摂取とは反対に、毒になる気を絶つための、何を食べるかではなく、何を食べないかという技法もあります。その1つが辟穀(へきこく)で、ムギやコメ、炭水化物系の穀物を絶つという食餌法です。土から生えているものを食べると、土の濁った気が体のなかに入るのでよくないから、穀物は食べない方がよろしいという見方にたっています。

　こうした古代の養生論は日本にも伝えられるのですが、中国の医学そのものが入ってきたのは5世紀から5世紀にかけて、初めは朝鮮半島を介してでした。その後は遣唐使などで中国から直接入ってくるようにな

ります。

　その後、次第に日本の独自性が生まれ、平安時代頃からそれが明らかになっていきます。近年のある研究は、日本人が中国の医学書を受け入れるときに、いくつかの傾向がみられると指摘しています。まず、実際に見えるもの、実際に触ることができるものしか信じたがらない（可視可触）。二つめは、複雑かつ深淵な医学理論を軽視しがちである。三つめは、なんでもかんでもマニュアル化、すなわち企画化したがる。これらの傾向が、平安時代に日本人が編集した医学書からすでに読み取れるといいます（山田慶児「序論に代えて　日本医学事始―予告の書としての『医心方』」『歴史のなかの病と医学』1997）。

　こうした特徴をもちつつ、その後の何百年もかけて日本は独自の医学を展開していきます。江戸時代になると、これまで支配階級のものだった医学が一般庶民にも手の届くものとなります。また戦国の世が終わり、人々は健康で楽しく生きることに意識を向けるようになります。それが「養生文化」として花開き、実に数多くの養生書―いわゆるヘルスマニュアル―が出版され、読まれるようになりました。もちろん、食餌も養生法の大切な一トピックであったことは間違いありません。では次に、江戸時代の食養生についてお話したいと思います。

●粗食 vs 美食

　江戸時代を通して70を優に超える養生書が出版されたのですが、仙人になる方法を論じたものはほとんどありません。また仙人について触れているとしても「現実的ではないし、道教のたわごとである」というような言い方をしています。そして「われわれ日本人の目指す養生は、たんに長生きすることでもなく、仙人になることでもない。この世を充実して生きようではないか」という意見が多数派を占めます。

　この傾向が食養生にどのように反映されたのでしょうか。古代中国の養生で行われていた辟穀（へきこく）などが見られないのは言うまでもありません。

食が人の体をつくり、活力となることは、江戸時代でも認められていましたが、いまの私たちが考えるような「バランスのとれた食事」という意識はありません。食べ物から何々の栄養素を取ろうという考えがないのです。ちなみに、食べ物に含まれる何か（栄養素）が足りないから病気になるという発想は、食品の科学的分析が進んだ近代のものです。

　ですから、食べ物の栄養素・バランスという発想がなかった江戸時代の食養生で、まず論点になるのは「粗食」です。たとえば『養生訓』（1712年）という本は、江戸時代中期に書かれた、養生書の原型ともいうべきものですが、この著者の貝原益軒は非常にまじめな粗食派です。なぜかというと、武士ですから、質実剛健をモットーとすべきで、ぜいたくはいけないと考える。儒教の考えにも強く影響を受けていますから、むさぼり食うなんてとんでもないと言います。

　　飲食は飢えや渇きを止めるためのものなのだから、飢えや渇きが止んだら、さらに貪ることをせず、ほしいままにしてはいけない、飲食の欲に溺れる人は義理を忘れている。（『養生訓』現代語拙訳）

　美味しいものをたらふく食いたいなどと願うのは、武士としてあってはならないというのが、貝原益軒です。

　益軒の『養生訓』には、普段の生活においてするべきこと、してはいけないことが、事細かに書かれていますが、全般的に禁欲主義です。

　しかし、時代が下って、江戸や大阪など大都市にさまざまな料理屋や飲食屋が現れたり、経済や農業が発展したりして、食文化が豊かになり始めた19世紀の文化文政期に入ると、益軒のような、ただ禁欲を説く食養生は、やや堅苦しいものに映ります。益軒のアンチテーゼのような養生論が登場してくるのが、その表れです。

　具体的には19世紀に入って出版されたいくつかの養生書では、好きな

ものを食べていいのではないかという意見が述べられています。何でもかんでも我慢するだけでなく、美味しいものを楽しんでも、身体に悪くなければよいのではないか、というわけです。

　　常に腸胃が慣れている物は、有毒の物でもあたらない、俗に好物にたたりなしともいう（小川顕道『養生嚢』1812年再版、現代語拙訳）

つまり、自分が食べ慣れているものなら、万が一有毒だとしても、中毒しない。好物にたたりなしというように、好きなものを食べていいのではないかと言います。そのほかにも、美味しいと感じるものは滋味（身体を養う力）にあふれているので食べたほうがいい、うまいものは体にいい、という意見も現れます。各人の欲望に忠実であってもよい、ちょっと大げさですが、欲望の解放こそが、この世を楽しく元気に生きる鍵なのだという方向にシフトしてきます。

このように、仙人を目指していた古代とはずいぶんと違った養生法が展開していたわけですが、どの養生書においても例外なく、食餌に関してこれだけはいけないと戒めていることがあります。それは食べ過ぎです。

なぜ食べ過ぎがいけないかといいますと、肥満になるから、成人病になるからといった理由ではありません。もちろん肥満がさまざまな病気の遠因になることは認識されていたでしょうが、一番のポイントは、食べ過ぎによって消化しきれないものが、体のなかにとどまって腐り、それが万病の元になるという恐怖があったからだと思います。

3．食傷
●食傷の定義
　食べ物が体内で腐るとはどういうことか。その恐れをよく表している

のが「食傷」という病気です。「食傷」という言葉は今ではあまり使わないようですね。

　現代の食傷の定義は、『広辞苑』によると「① 食あたり、② 食い飽きること、転じて同じ物事にしばしば接して嫌になること」とあります。「最近テレビに出すぎていて、あの芸人さんにはちょっと食傷気味だね」のように比喩的な使い方が、今は残っているだけでしょう。この食傷という言葉はもともと医学用語で、単純にいえば食べ過ぎによる消化不良を指します。中国医学には「宿食」という、食傷と似たような病気もあるのですが、中国医学では厳密に「食傷」と「宿食」のふたつは違うものとみなされています。もちろん、日本の伝統医学（漢方）のプロフェッショナルな医師の間では、中国医学に倣って食傷と宿食は区別されていました。

　しかし、江戸時代の養生書や小説を見ると、この「食傷」という言葉の使われ方が徐々に変化して次第に食中毒と食べ過ぎの意味で使われることが多くなります。現代の用法に近いですね。「食中毒」という意味は、中国の食傷にはありません。なぜ食中毒と食べ過ぎが同じ「食傷」の語で表されているのでしょうか。そこに、江戸時代の人々の食餌論の要—つまり食べ過ぎの危険—が隠れていると思われます。食べ過ぎると体の中で何が起こるのか、順を追って考えてみましょう。

　考察の順番としては、最初に江戸時代における食傷の認識を、次に、食傷とは食べることによって起こる病気ですから、消化の問題を考えます。そして、この食傷という病気がどのように人々に経験されていたか。「食傷になっちゃった」と江戸時代の人が言ったとき、人々の頭の中で、「自分の体のなかで何が起こっているか」想像したかについて考えてみます。食餌と病気の関係を解き明かす一つの鍵になると思います。

●江戸時代における食傷の認識

　食傷を人々がどのようにとらえていたかという問題を考えるに当たり、

やはり養生書が役に立ちます。というのは、中国医学書は基本的にすべて漢文で書かれていますから、一般庶民の間に普及していたとは思えません。江戸時代の日本人の医師が書いた専門的な医学書には、漢文のもの、平仮名混じりのものなどがあり、難易度もまちまちです。養生書の難易度も千差万別で、小難しいものから、ひらがなで書かれているものまでですが、少なくとも、医学専門書よりは、ずっと幅広い読者層を想定していたと考えてよいでしょう。当時の読書の形態として、たとえば本を買えない人も貸本屋で借りてきたり、文字が読めない人は、ほかの人に読んでもらって聞いたりするというように、多様な形の読書形態、読書文化が出来上がっていました。したがって養生書には、大ざっぱに言って、ひらがなの書物を読むことができる人々が、共感できるような身体観が表れていると言って差し支えないでしょう。

その表れの一つが振り仮名です。たとえば養生書『病家須知』(1832)には、全ての漢字に振り仮名が振られているのですが、その漢字の意味と振り仮名の意味がずれていることが時々あります。たとえば「食傷」と書いて、「くいすぎ」と読ませるケースがあります。「食傷」と書いて「しょくしょう」と読むのは、漢字と読み仮名の関係が固定された明治以降のルールで、江戸時代の文学書や小説では、振り仮名を自由につけています。

養生書を書いたのはたいていお医者さんであり、お医者さんはインチキやヤブでなければ知識人ですから、漢文が読め、中国医学のテキストも原文で読むことができます。でも庶民のための本を書きたいと思ったときに、漢字だけでは読者にはわかりにくいだろうと、易しい言葉で振り仮名をつける。つまり、『病家須知』の著者は、「自分としては、食傷というのは食いすぎの方が読者には通じやすい」と考えて、「食傷」に「くいすぎ」という振り仮名を振ってあげたということです。この『病家須知』に現れるほかの例としては、「停滞」と書いて「しょくしょ

う」と振り仮名を振っているものもあります。さらに「停滞」と書いて「しょくたい」と振っているものもあります。これはおそらく「食が滞る」でしょうね。また「宿食」と書いて「しょくたい」と読ませているものもあります。

食傷 ＝ 停滞 ＝ 停滞 ＝ 宿食
（くいすぎ）（しょくしょう）（しょくたい）（しょくたい）

つまり、このように『病家須知』では、中国医学で本来別々のものであった「食傷」と「食滞」が、振り仮名によってイコールでつながれている。どちらも似たようなものではないかと、緩やかにまとめられているわけです。もうひとつ振り仮名と漢字の組み合わせからわかるのは、「停滞」「食滞」というように「滞る」ことを強く意識していることですつまり食傷とは食べ物が体内に溜まってしまうことによって起こり、それはひいては万病を引き起こしかねない危険な病気だと考えられていました。

食傷に対する恐怖感の背景には、江戸時代の人々が抱いていた、体のなかの滞りに対する恐れがあります。中国の古典『呂氏春秋』に「流水腐らず　戸枢（こすう）むしばまざる」という一節があります。流れる水は腐らない、いつも動いているドアの蝶番は腐らないという主旨ですが、医学では、気が滞らないことが何より大事だと解釈されています。

江戸時代では気の滞りに対する警戒がいっそう顕著になりました。それはたとえば17世紀から18世紀にかけて活躍した医師の大家・後藤良山（こんざん）が「一気留滞説」という独自の病理論を打ち出したことにも表れています。

　　さまざまなものが体にあたるが、もっぱら気が滞っているところが痛む。そもそも病が生じるのは、風・寒・湿が原因ならば、その気

が滞っており、飲食が原因でも、七情が原因でも、みな滞っているためである。すべて一元気が鬱し滞ることから起こるという。(『師説筆記』現代語拙訳)

　艮山(こんざん)によると、外からのいろいろな気にやられたとしても、病の原因となるのは、その気が滞るからである。食べ物が原因であっても、たとえば怒りがふつふつとたぎるなど感情が原因であっても、気が鬱し、滞ることから、すべての病気は起こると言っています。この説は、次世代以降の医師達にも直接的・間接的な影響を与えました。

　何かが停滞することへの懸念に関しては、このほかにも江戸中後期に展開した貨幣経済や商品の流通を重視する意識との関連を指摘する研究者もいます(栗山茂久「肩こり考」『歴史のなかの病と医学』1997)。また、江戸時代は泰平天下ですから、安逸な暮らしに慣れてしまった江戸時代の都会人は、不摂生な生活習慣に身を落とし、気持ちも堕落して、みんな気の巡りが滞っているという随筆などもあり、それをはっきり指摘している医学書もあります。ですから、滞りへの意識は、医学界のなかだけで起こっていたことではなく、社会全体の現象として人々にひろく意識されていたと言えるでしょう。

●江戸時代の消化論

　食物が体内で停滞すると食傷が起こること、体内における停滞が危険視されていたことをみてきました。次に、食傷を消化の側面から論じてみたいと思います。食べ物を消化する時、身体の中で何が起こっていると考えられたのでしょうか。

　消化活動においてもっとも大事なのは、口から入った飲食物がどのようにお腹に入っていき、お腹のなかで分解されて、体の隅々まで巡るかです。

　ここで登場するのが、中国の14世紀の李東恒が唱えた脾胃論です。李

東恒は、「体の外の外邪（悪い気）」と「内気（体のなかの気）」が共鳴したときに病気になると考えました。この考え自体は彼のオリジナルではありませんが、その病気を防ぐためには、内なる気を強く充実させなくてはいけない。強くさせてくれるのは食べ物であるから、食べ物を受ける脾臓と胃臓というふたつの臓器が体のなかでいちばん大切だと主張します。

　人々がもつ消化のイメージを素晴らしく効果的にビジュアル化したのが、歌川国貞の描いた『飲食養生鑑』です（図2）。この男性は大食いしていますが、身体のなかの「人」たちが忙しく働いています。脾臓は左側の真んなかあたりにあって、「この頃は夜昼たえまなしだ。見ろ、まことに落ち着いて寝ることもできねえぜ」と、ひいひい言っていたりする。御主人が年から年中食べてばかりいるから、俺たちは休めやしないよと。食べ過ぎてはいけませんという絵ですね。言葉遊びのようなもので、脾臓なだけに、脾のあたりで火が炊かれている絵になっていますが、これはおそらく体内の熱を用いて食べ物をドロドロにするイメージと直結しているのでしょう。

　先ほどの『病家須知』では、「食が停止する」と書いて、「しょくしょう」と読ませているところと「つかえたるもの」と読ませているところがあります。つまり、『病家須知』をはじめとした江戸の文脈においては、食傷は、体のなかの気や外邪の作用によってではなく、身体のなかに残っている食物そのものが悪さをしているという即物的な印象が強くなります。

　その食傷という停滞はどのように体験されていたのか。お腹が痛くなって、苦しみもだえるという説明がある一方、「食傷によって苦しむと、何十日か前に食べたものを吐くときがある」というような記述をしている医学書もあります。中国のように見えない気──体内の気と外界の気が相関するという問題よりも、日本では、見えるものや触れるものを信じ

図2　『飲食養生鑑』歌川国貞
（江戸後期、内藤記念くすり博物館蔵）

る傾向がある。平安時代の『医心方』にみられた日本的な特色を、ここで再確認することができるでしょう。

　このように江戸の食傷は、食べ物が体に停滞している点に意識が集中しており、その滞った食は実体をもつ存在として意識されていました。現代の「食傷」に食あたりと食べ過ぎ、という二つの意味があることは、すでに述べました。食あたりと食べ過ぎという、二つの一見、直接には関係のないような状況が、なぜ「食傷」同居しているのでしょうか。そこには、何を食べてはいけないのか、どう食べてはいけないのか、それをしてしまうと、どうなるのか、という想像が深く関わっています。

●どのように食べるべきか

　何をどう食べると食傷が起るのか。この問題に関して江戸時代によく引き合いに出されたのは食いあわせです。何と何を組み合わせて食べるとよくないか。ウナギと梅干し、カキとエビ、ビワとアサリなどは避けるべきであり、少し時代が下った後の報告にはスイカと天ぷらという組

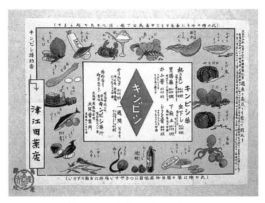

図3　「キンビシ」食い合わせ大正〜昭和
（内藤記念くすり博物館蔵）

み合わせも避けるべきとされました（図3）。ちょっと話がずれますが、私が子供のころ、志村けんのバラエティ番組で、スイカを無駄食いしすぎて、スイカ怪人に変身してしまうというコントがありました。そのスイカマンを唯一退治できるのが天かすだったのですが、この食べ合わせの論理に沿っていたわけですね。

　話を戻します。このように食いあわせを論じる養生書がたくさんあったのですが、諸説あり、書によっても内容がまちまちだったりします。一方、どの養生書もひとしく強調するのが、食べ過ぎがいちばんいけないと言う意見です。鈴木朗や谷了閑という医師たちが書いた養生書に、興味深い記述があります。それによれば、もともと食べ物とは人を養うものであって、毒などはない。ただ、体のなかで毒になってしまうのは、みんなが食べ過ぎるからであり、食べ過ぎると食物は腹のなかに滞り腐ってしまう。つまり、食べ過ぎは初めから腐ったものを食べるのと同じであるという結論に至るのです。（『養生談』『養生要論』）

●腐敗の想像
　ここでまとめます。食べ過ぎで食べ物が消化されないというのは、中

国医学における、もともとの食傷の定義です。しかし、江戸時代には食傷＝食べ過ぎまたは食中毒の意味に変化しました。この変化の過程には、『飲食養生鑑』に見られるような、消化のイメージが大きく作用しています。つまり、一度に消化しきれないほどの量を食べてしまうと、残った食べものは、体内にとどまってしまう。それを体内の火で加熱しすぎると、腐ってきます。煮た柔らかいものや温かいものがおなかのなかに入ってくると、脾臓の釜はそれほど頑張らなくてもよいのです。しかし、生ものや硬いものが入ってくると「がんばって消化しなくてはいけない」とぽんぽん体内で火を焚きます。すると、オーバーヒートを起こし、その結果、諸々のものが腹の中で腐ってしまうことになるのです。たとえ腐っていなくても、生ものは、体の中で腐敗を引き起こす可能性が大なので、腐った物を食べるのと結果的に同じ、きちんと調理した新鮮な魚であっても、大量に食べれば、お腹の中に溜まって腐り毒になるので、最終的には腐った魚やフグのような毒のある魚を食べたのと同じ（＝食中毒）、という、ちょっと奇妙な論理が成り立つことになります。このように、体内外のどちらで「食が傷んでも」結果的は変わらない、という腐敗の想像が、江戸時代の「食傷」の語義の背後にあったのではないでしょうか。

4．明治以降

　次に明治以降の話をしたいと思います。

　体内外における腐敗のイメージや、体内における腐敗が病気の原因になるといった考えは、明治以降はどのように引き継がれていったのでしょうか。もしくは引き継がれなかったのでしょうか。医学の通史的理解では、明治に入ると、西洋医学が明らかに優勢になり、食養生は民間療法的な地位を占めるようになったといわれています。しかし、明治以前の消化論や食養生論は、すみやかに消え去ったわけではなく、あちらこ

ちらに残っていました。

●赤痢

　たとえば、コレラや赤痢など、吐いたり下痢したりする感染症の記録に、体内における腐敗イメージの残存を読み取ることができます。赤痢の例にそくして、いわゆる「前近代的な」食養生論が明治以降にも引き続き、人々の病経験や公衆衛生の対策を左右していたことをお話しします。

　日本における第1次赤痢流行は1890年代です。この流行の最中の1897年、志賀潔が赤痢菌を発見し、赤痢菌を引き起こす病原菌が存在することが認識されるようになりました。当時は、各県の警察が『赤痢流行記事』いう出版物を出しており、そこには、たとえば何月何日、X村で何人の赤痢患者が発生し、何日後に次のY町に病気が移動して、何人の患者を出したというような記録が載っています。そのとき警察がもっとも気に懸けるのは、今回の流行で誰がはじめに赤痢菌を持ち込んだのかという追跡です。結論をいうと、やはり肉眼で見えないものですし、誰がどこから菌を持ってきたのかは、実際わからないことが多い。

　すると、次のような説明がなされるようになります。

　　患者は僧侶にて、平素飲酒の癖あり。発病前、鯨飲を為したる事実なれば、それがため胃腸を害し、ついに本病に発症せしものならんか。（『山形県赤痢流行記事　明治33年』）

　「本病」は赤痢を指します。この山形のある村で最初に赤痢になったのはお坊さんでした。普段から酒飲みで、発病前に浴びるようにお酒を飲んだせいで、胃腸を害し、ついに赤痢を発症したのであろうかと書かれています。赤痢菌と接触しなかったとしても、暴飲暴食で赤痢または赤痢のようなものが自然発病することがありえると考えられていたこと

がうかがわれます。当時、全ての事例で赤痢菌を特定する技術と人員が備わっていたのかも疑問です。ですから、赤痢といっても実際は食中毒（＝食傷）だったのかもしれません。とくに、小児の赤痢は食傷と間違いやすい、見分けにくい、といった記述は医学書にもしばしばみられます。赤痢と食傷の区別が曖昧だったので、暴飲暴食による「古い」食傷論が入り込む隙間が十分にあったのでしょう。

次に、秋田県の別の記事を紹介します。

> 初発の患者は不熟の果物を食したる……前年同村に赤痢患者発生せし事を以て病毒残留し、遂に不熟果物の媒介によりて発生せしものなるべし。（『秋田県赤痢流行記事　明治32年』）

前の年にこの村では赤痢患者が出ていたため、おそらく村のどこかに病毒が残っていて、この患者は何らかの形で病毒にタッチしてしまったのでしょう。そのタイミングで、熟れていない、ガリガリの果物か何かを食べてしまったので、それに誘発されて赤痢菌が活性化し、赤痢にかかってしまったと説明されています。果物に誘発される赤痢菌などあるのかと思うかもしれませんが、明治33年といえば1900年です。当時、細菌学の研究が進められおり、多くの感染症の原因が究明されつつあったのですが、医学の実験室での科学的発見と、山形県の村人の体験した赤痢にはまだ大きな溝がありました。その溝をつくっていたのが、赤痢も食傷のようなものであり、赤痢菌とやらがあろうがなかろうが、つまりは食べ過ぎや不消化が引き金となる、という人々の長く深い身体経験だったのではないでしょうか。

細菌学と伝統的な食養生を組み合わせるのは日本の赤痢の事例に限ったことではありません。たとえば19世紀のポルトガルでも同様の現象がみられたことが指摘されています。「貧しくて愚かな輩（やから）は、熟れていな

いキュウリみたいなものを食べたりするから、コレラになるのだ」というような話もあったのです。

　明治日本の赤痢の場合でも、個人の普段の生活の仕方が重視されていた点とよく似ています。いかにも熟していない果物を食べるという不注意な食生活、山形県の某僧侶のように、大酒を飲むという堕落した生活態度が、根底で問題視されています。多くの感染症が細菌により起こるとわかってからも、個々人の規律ある生活態度が細菌への抵抗力を左右していると考えられています。公衆衛生の現場で、伝統的な食養生論と細菌学が結びつけられることは、日本でも海外でも、近代化の過渡期において共通して見られた現象でした（Akihito Suzuki and Mika Suzuki, 'Cholera, Consumer and Citizenship: Modernisations of Medicine in Japan', in Hormoz Ebrahimnejad (ed.), *The Development of Modern Medicine in Non-Western Countries*）。

　さきほど見た、伝統的食養生と細菌学がコラボレーションした、明治の第1次赤痢流行のころのモデルでは、赤痢菌の侵入はあってもそれだけでは赤痢は発症しない。個々人に抵抗力は備わっているものの、それは自律（節制ある生活）によって強まるものであり、逆に生ものを食べたり、過食をしたりと、不摂生な食生活を送っていれば、体内で食物の腐敗が進み、赤痢菌の温床となると考えられたのです（図4）。

●自家中毒

　そうした腐敗による毒の想像が、また別の西洋の最先端の医科学知識と出会うことにより、近代化する日本というローカル社会で再生産された事例を紹介します。ここでみなさんにお聞きしたいと思います。「自家中毒」という言葉を聞いたことがある方、手を挙げてみてください。やはりあまりいませんね。

　私がこれまでいろいろな方に聞いて受けた印象では、30代後半以上の人は、一体それが何かよくわからないまでも、だいたい聞いたことはあ

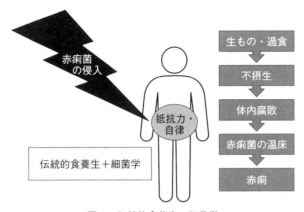

図4　伝統的食養生＋細菌学
(明治の第1次赤痢流行のころのモデル)

るようです。自家中毒とは何かというと、20世紀の初め頃から1980年代頃までの間、心身症としての周期性嘔吐症という理解が一般的だったようです。親戚の子供がはしゃいでテンションが上がりすぎると、突然吐くことがしばしばあり、皆はそれを自家中毒と呼んでいる、という話をしてくれた友人もいます。有名人では作家の三島由紀夫が、子供のころ、よく自家中毒にかかっては死にかけた、という思い出を『仮面の告白』という自伝的小説に書き残しています。しかし、医学の現場では、すでに何十年か前に正式な医学用語ではなくなっており、いまだに実態のわからない病気だと言われます。

●イリヤ・メチニコフ

この謎の自家中毒という言葉は、もともとあるドイツ人によって提唱され、それを広めたのはあるフランス人なのですが、日本では一般に、自家中毒といえばメチニコフの説として知られています。

イリヤ・メチニコフはロシア人で、一流の細菌学者、微生物学者、そして動物学者でした。19世紀終わり頃のパリには、ドイツと並んで細菌

学研究の最先端であったパスツール研究所がありました。そこで研究をしていた人物ですが、医学界における彼の最大の功績は、免疫学に食細胞という新しいモデルを提示したことと言われます。

　彼は、動物の体内に異物を取り込み消化する細胞（食細胞）があることを発見し、これが生物の免疫防御機能の要であると主張しました。この説によって彼はノーベル生理学・医学賞を受賞していますが、日本では、メチニコフといえばヨーグルトを広めた人ととしてポピュラーな存在です。

　その理由は、メチニコフは、年を取って病気になる事象を、自家中毒の概念を使って説明しようとしたことにあります。

　彼は、大腸は不要であると考えました。体の大きさに対して、大腸が長ければ長いほど寿命は短いのだと、種々の実験から彼はそう結論づけます。もっとも寿命が短いのは肉食哺乳類です。肉は消化に時間がかかるので、大腸が長くなる。すると寿命は短い。草食動物はもうちょっと寿命が長い。では鳥や虫はどうなのだ、寿命が短いじゃないかとなりますが、そこは彼なりに、体の大きさに対する寿命の長さを計算します。その計算の結果によると、鳥類や爬虫類などの腸が短い生き物は、寿命が長いのです。ということは、人間に大腸はいらないのではないか、と思い至りました。

　なぜ大腸がいらないのかというと、大腸は食べカスをためる場所で、消化するに当たっては、胃と小腸だけで十分だと、彼は言います。

　　糞の収容所を所有することは……ちょっと想像がつかぬほど有害で、特に、生命を縮めさせる原因ともなるのである。食べたもののカスは、大腸のなかに長い間蓄積されて留まっていて、それがいろいろな発酵を起こす細菌の中心地（たまりば）となり、なかんずく恐ろしいのは、生物体（オルガニズム）にとって有害極まる腐敗を起こ

す事である。この問題に関するわれわれの知識は不完全ではあるが、腸の細菌のフローラ（細菌群）のある数は健康を危うくするものだと確信することができる。（E.メチニコフ『長寿の研究―楽観論者のエッセイ』仏原著：1907年）

彼の考えによれば、食べ物のカスが大腸のなかに長い間蓄積されて、それが発酵を起こします。その詳細な理由はよくわからないとしつつも、メチニコフはこの食べ物のカスが腐敗して生じる細菌が、我々の老化や病気を引き起こすのだと説明しました。

●腸内腐敗菌 vs 乳酸醗酵菌　改善モデル

メチニコフは、野生の微生物を完璧にシャットダウンすることを意識してはいません。もちろん、食べ過ぎや食いあわせについてはなにも論じていません。彼が敵視するのは腸内腐敗菌です。腸内腐敗菌は、生の食物や滅菌していない食物によって力を得て、増加する。それが老化の原因であるが、退治することは可能である。体のなかで細胞対細胞のバトルが起こっていて、より抵抗力の弱い細胞は食べられてしまうので（食細胞理論を適用しています）、腸内腐敗菌に対抗しうるものは何かと、彼はネズミなどを使って研究を続けます。

ブルガリアを訪れた際、メチニコフはなぜか長生きの人が多いことに気づき、彼等の食生活などを調べた結果、その理由はヨーグルトにあるのではないかと推論をたてました。それ以降、彼自身も毎日ヨーグルトを食べていたそうです。彼は、乳酸発酵菌を腸のなかに増やすことによって、腸内腐敗菌に対抗できるのではないかという説を立てました（図5）。

この説が日本で受けたのです。なぜ受けたかというと、私はおそらく体のなかで起こる腐敗・毒というキーワードに、人々が共感するものがあったからではないかと思います。たとえば、自家中毒と伝統的な食傷

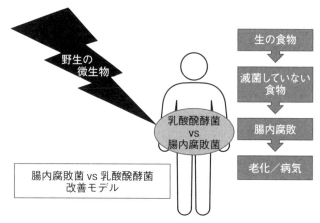

図5　腸内腐敗菌 vs 乳酸醗酵菌　改善モデル

を単純に組み合わせた応用例に、以下のようなものがあります。

　胃腸が悪いと、消化不良に陥る為、タンパク質が分解して酵素を発生するのであります。「食べ物にあたった」とか「食い合せ」でとか云って青くなって寝ている人をよく見受けるが、あれはすべて不消化に因って起るこの毒素が発生したためであります。そしてこの毒素は血中に廻ると、組織の抵抗力が弱くなって、種々なる病気に犯され易くなるのであります。これを「腸の自家中毒」と云うのである。（国民絶対保健研究所編『最新身長保険法と顔面若返り法』国民絶対保健研究所、1937年）

　タイトルに「若返り法」とあるように、この本はいわゆる医学専門書ではなく、若干、眉唾な民間療法に近いものですが、ここでは、自家中毒イコール食傷だと定義づけています。つまり、食あたりや、食いあわせによっておなかが痛くなる消化不良は、いわゆる江戸時代の食傷だが、

それはじつは不消化によって起こる毒素が体中に回った「腸の自己中毒」のことだと言います。

ちなみに、このメチニコフの乳酸醗酵菌による不老長寿説に感銘を受けた日本の学者に、代田稔という人物がいました。彼は自分なりに腸内細菌の研究を続け、後にヤクルトを開発します。日本だけでなく海外でも、いまだに根強い人気を誇る乳酸飲料ヤクルトができたのは遡ればメチニコフのおかげとも言えるでしょう。

●漢方医の解釈遺伝・不摂生 vs 漢方治療モデル

さらにメチニコフの自家中毒説がおもしろいのは、さまざまな形で再利用されて展開していく点にあります。次に自家中毒論を使ったのは、漢方医学の医師です。湯本求真（1876年-1941年）は、西洋医学の後に漢方医学を学び、当時、落ち目にあった漢方を復興しようと尽力した人物として知られます。

> 如何なる細菌が如何に多く人身を侵襲すとも体力旺盛なれば之に乗ずるの余地を与えずと雖も、或は瘀血を祖先又は父母より遺伝するにより或は起居眠食等の摂生を怠るによる食、水、血、三毒の停滞即ち広義の自家中毒症を醸すに至れば、細菌に対する抵抗力は減弱するのみならず、反て其の寄生繁殖に好適なる培養基を提供し、伝染病を成立せしむるものとす。（湯本求真『皇漢医学』1927）

この湯本求真の主張は次のようにまとめることができます。祖先または父母から遺伝する、穢れた血を体内に持っていたり、あるいは、普段の生活がだらしなかったりすると、体内に毒が溜まり自家中毒を起こす。すると身体の抵抗力が弱まり、細菌やばい菌を培養する素地となってしまい、伝染病にかかりやすくなる、と。

なぜ彼がこの論陣を懸命に張ったのか。この本が出版されたのは1927

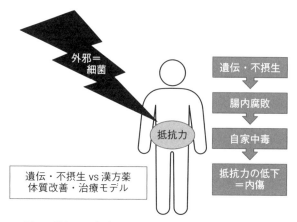

図6　遺伝・不摂生 vs 漢方薬　体質改善・治療モデル

年ですが、明治以降、漢方医学は西洋医学に席巻されており、漢方は廃止した方がよいのではないかという意見が医療官僚のなかでは主流でした。「漢方はしょせん対症療法ではないか」「西洋医学のように病原菌を特定したり撲滅することができないから、漢方は日本国家の役に立たない」といった厳しい評価を受けていました。こうした批判に対して、湯本求真は「そうではない。遺伝する毒や節制を怠って生じた毒［＝自家中毒］が、細菌の温床となる。いかに強力な病原菌来ようとも、それに負けない身体の土壌をつくるのが漢方だ」と主張するわけです。

こうした漢方の考え方をまとめた「遺伝・不摂生 vs 漢方薬　体質改善・治療モデル」（図6）によると、外邪の細菌（＝細菌）がいかに来ようとも、抵抗力がみなぎっていれば、赤痢やコレラにはかからないということになります。遺伝や不摂生、その他の理由から身体の抵抗力が弱っている状態を、漢方では「内傷」といいます。漢方の病理を大まかにまとめると、各人の身体内の状態＝内傷と外からの邪なる気（外邪）の感応によって病気が起こると考えます。ここで、内傷が自家中毒にすり

替えられていることに気づきます。この不摂生による自家中毒が、江戸時代の食餌の不摂生による腐敗から生じる毒の概念と、相当にシンクロしていることは明らかです。

細菌学説に立脚する西洋医学は、いわゆる「外邪」を叩くのみであるが、これに対して漢方は外邪と内傷の両方を治療することができる。漢方の外邪への対策は、湯薬等による治療です。一方、内傷に対して何ができるかというと、湯薬や食餌を通して体質改善を行い、抵抗力を高め、自家中毒状態を治すことができると言います。このように、すでに身体に侵入した病原菌を消そうとする西洋医学よりも、病原菌を寄せ付けないよう身体を強化することをめざす漢方の方が、根本的な治療を提供できるので、優れている。このように漢方医たちは、新しく現れた医学用語である自家中毒を援用し、既存の漢方の枠組みにはめこむことで、自らの優位性を強調しようとしたのです。

●楽観論

これが漢方医たちのあいだでなされたメチニコフの議論の応用ですが、もうひとつ、おもしろい応用があります。それはメチニコフの楽観論と自家中毒論の融合です。

メチニコフは多才な人物だったようで『不老長寿論』という研究とエッセイを合せたような本も書いています。この本の前半は腸内腐敗菌や自家中毒についての実験の内容ですが、後半は、なぜか人生における楽観主義について論じています。

> 楽観的な考えというものは正常な健康状態と相関関係にあるものであるが、これに反し悲観論は原因として肉体的または精神的のある病気をもっているのだろうということが結論される（E.メチニコフ『長寿の研究―楽観論者のエッセイ』仏原著：1907年）

つまり、楽観的な考えは正常な健康状態と深く結びついており、悲観論は病気の状態と深く結びつくと言っているのです。とはいえ、彼は、楽観的だから健康になるといったことは、実際には書いていません。彼が言っているのは、長生きを求める哲学的・宗教的なモチベーションは、正当化されるのだろうかということ、そして、実際悲観論者が多い国では自殺する人が多いのではないか、ということです。

●大隈重信

　これを日本人の精神論と結びつけた者が現れました。ここで登場するのは、政治家であり、早稲田大学の創始者でもある大隈重信です。彼はメチニコフの精神論と、内因としての自家中毒を組み合わせ、さらにそれを東アジア伝統の政治哲学に落とし込むことを試みました。

　メチニコフの『不老長寿論』は、1912年に日本で翻訳出版され、大隈はこの本に序を寄せています。そのなかで、大隈はメチニコフの学説を解釈して、人体と国家に例えています。

　　抑々、人体と国家は相似たり。国家そのものにして健全ならば外敵は得て覬覦（きゆ）すべからず。国家の力衰ふるときは、外敵以て乗ずべく、その存在にして健全ならんには、国家は能く外敵を制し得べし。もし不幸にして一度病的状態に陥らんか、国家の防御力は従って弱く、黴菌はこれより侵入して、遂に滅亡に至らしむ。人にありてもまた然り。夫れ人体には自づから凡ゆる疾病に抗するの本能を有す。此抵抗力だにあらば、如何に疾病の侵来するあらんとも、之に竄入の間隙を与えず、直ちに撃退して其健康を保持すべし。『素問』の所謂「精神内に守らば疾何れより来たらん」とは即ち此意に外ならざるなり。（大隈重信「序」エリー・メチニコッフ著『不老長寿論』大日本文明協会事務所　1912年所収）

大隈の論じる、国家と人体の比喩それ自体は、決して目新しいものではありません。弱った体だと細菌などにやられてしまうように、国の力が衰えていれば、国の防御力も弱くなり、列強などに負けてしまう。人にあっても同じで、もともと人には備わっている抵抗力があるので、心を強く持っていれば、細菌も恐れるに足らない。大隈がユニークなのは、不老長寿に必要なのは乳酸菌ではなく、メチニコフが強調するような楽観主義であり、それは強い精神を持つことに他ならない、といつの間にか自己流の解釈に置換してしまった点です。

　大隈は『黄帝内経素問』の言葉を引用しています。『素問』の成立年代ははっきりとわかっていませんが、紀元前200年頃から漢代の頃に成立した中国最古の医学書です。この『素問』の一節で裏打ちすることによって、たとえば江戸時代の食物の気によって養われる内なる気や、メチニコフにあっては乳酸菌によって増強されるべき内なる抵抗力といったものが、精神論にすり変えられてしまいました。中国古代の『礼記』に登場する「修身斉家治国平天下」という有名な言葉のように、人体と国家のあいだにアナロジーを見るという仕掛けに基づいているのは明らかでしょう。つまり、天下を治めるためにはまず自分の行いを正しくし（修身）、次に家庭を整え（斉家）、国家を治め（治国）、そして天下を平定すべき（平天下）であるということです。

　メチニコフが草葉の陰でひっくり返りそうな解釈ですが、明治以降の日本は、いわゆる内憂外患の状態にあったといえます。西欧列強からのプレッシャーを全面に受けながら、急速な近代化と強国化を目指し、国内は長く動揺していました。そうした中、日本が強国になるためには、内憂すなわち自家中毒状態を脱しなくてはいけません。それには乳酸菌ではなく、個々人が伝統にさかのぼる精神修養論を実践することが肝要であると大隈は説きました。、それが個々人における抵抗力を高めることになり、ひいては内憂を脱し、外患に対する抵抗力を養うと読み替え

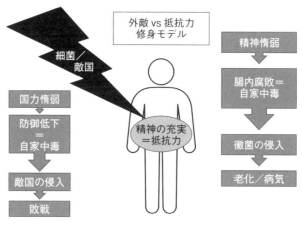

図7　外敵 vs 抵抗力　修身モデル

たのです。

　大隈の「外敵 vs 抵抗力　修身モデル」(図7)は国家と個人というふたつのモデルが並行していますが、外敵＝ばい菌の侵入を拒む鍵となるのは修身という心の問題であり、これを怠れば、国内および体内は自家中毒状態に陥ります。ここに明治以前からの、伝統的な食養生における自己摂生論が下敷きになっていることを見て取れるのではないでしょうか。

5．まとめ

　自家中毒が日本でこのようにいろいろと展開されたのは、「自家中毒＝食傷」という置換が人々によって容易に行われたからではないかと考えています。メチニコフは微生物学者として「乳酸発酵菌 vs 腸内腐敗菌」という構図を描き、抵抗力が弱い細胞はより強い菌に食べられてしまうというモデルを支持していました。おそらく日本に根強かった「不適切な食生活が原因となって起こる体内の腐敗」というイメージと、メ

チニコフの「自家中毒を起こす腐敗菌」との間に強い親和性があったのでしょう。そのために、日本の自家中毒論では個々人の規律・道徳が重視される傾向があったのかもしれません。大隈重信の解釈が、その最たるものでしょう。政治家であり教育家である彼は、自家中毒を起こすのは細胞間の捕食ではなく、精神力が弱まっているせいであると考えました。メチニコフにとっては、腸内腐敗菌と、彼の楽観論は、まったく別物でしたが、大隈はその二つを合体させ、個人にあっては不老長寿、国家にあっては強国化を成し遂げる鍵となるのは精神修養であると、主張したのです。

　このように、当時の医科学の第一人者であるメチニコフが実験室から発信した発見、新しい医学説が、日本でどのように受容されたかという例を取り上げたとき、長い年月をかけて培われた人々の消化・不消化に対する想像、そして食養生の経験が大きく作用していたのではないかと思われます。

　赤痢と食傷、自家中毒と食傷の間に、何らかの重なりや混同があったのは、新しい知識の受信者と発信者が、無意識にまたは恣意的に情報操作を試みたことを示唆しています。言い換えれば、今日ご紹介したこれらの事例は、ユニバーサルな知識がローカルな領域に広まっていくとき、受け手の数だけ、いくつものパターンが起こりうること―知の重層―を示しているとも言えるでしょう。

生体のエネルギー出納バランスと体重コントロール

勝川史憲

(かつかわ　ふみのり)慶應義塾大学スポーツ医学研究センター教授。1958年生まれ。慶應義塾大学医学部卒業。専門は、内分泌代謝内科。著作に、『肥満の医学』(日本評論社、2011年、共著)、『研修医・医学生のための症例で学ぶ栄養学』(建帛社、2017年、共著)などがある。

こんにちは。スポーツ医学研究センターの副所長を務めている勝川史憲です。

医学部出身で肥満等の研究を長く続けてきましたので、今日は医学あるいは栄養学の見地から「食べる」ことについてお話させていただきます。

1．イントロダクション

はじめに「食べる」ことの先を考えてみたいと思います。食物を食べて、身体に入った先はどうなるか。エネルギーの観点から見れば、食べた物のエネルギーは身体で利用され、最終的には身体から出て行くわけです。その出入りのバランス(出納バランス)はどのように調整されているのでしょう。身体にはエネルギー出納を調整するメカニズムがもともと備わっており、それに加えて意図的に運動してエネルギーをたくさん使ったり、ダイエットで入ってくるエネルギーを絞ることもできるわけです。こうしたエネルギー出納の調整について、まずお話しします。

このエネルギー出納の調整がうまくいかない状況はいろいろとありま

す。みなさんの多くがこれから20年ぐらいのスパンで経験するのは、体重増加とそれによる肥満の問題です。そこで次に、肥満するとなぜ健康障害をもたらすのか、肥満やメタボを予防する食事の対応についてもお話します。

　高齢者の場合、肥満よりも「フレイル」が問題となります。これは、フレイルティ（もろい・脆弱）という言葉に由来する概念です。フレイルの予防にもやはり食事や運動の注意が大切ですが、高齢者の場合、なにしろ時間に余裕があるし、すでに健康障害をかかえて食事や運動に熱心に取り組むことが多いので、直裁的なプログラムで工夫が要らないという面があります。しかし、みなさんのような若い世代は、ほかに重要な関心事がたくさんあり、時間的余裕もありません。そうした若い世代に健康的な食事や運動に継続的に取り組んでもらうには、いろいろな仕掛けが必要です。そこで、最後にサイエンスとは離れて、継続のためのマーケティング戦略についてもお話しします。

2．エネルギー摂取量の評価とその限界

●「二重標識水法」による総エネルギー消費量の測定

　まず、二重標識水（DLW; Doubly labeled water）法というエネルギー消費量の測定法について説明します。食べる量（エネルギー摂取量）の測定精度を理解するのに必要だからです。

　二重標識水法は、その名のとおり、特殊な水を使います。水（H_2O）を構成する水素Hの質量数は通常は1ですが、この世界には質量数が異なる^2Hや^3Hといった同位体が存在します。^3Hは放射線を出してヘリウムに変わりますが、^2Hは放射線を出しません。つまり、ずっと^2Hのまま存在し続けるわけです（安定同位体）。同じように、酸素Oの質量数は通常16ですが、質量数が異なる安定同位体^{18}Oがあります。この^2Hや^{18}Oは放射線を出さないので、基本的に人体に無害です。

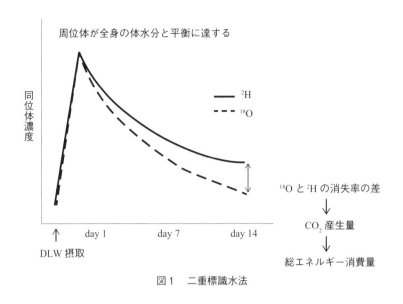

図1　二重標識水法

　この^{2}Hや^{18}Oを多く含む水（二重標識水）を飲むと、これらの安定同位体はいったん身体のなかで均一に分布し、その後、身体から徐々に排出されていきます。つまり、身体のなかの^{2}Hや^{18}Oの濃度が上がった後、徐々に下がっていくわけです。その際、^{2}Hは水として、一方、^{18}Oは水と二酸化炭素として出て行くので、時間とともに^{18}Oの減少の方が大きく、両者の差で身体からどれくらい二酸化炭素が排出されたかがわかります（図1）。

　糖質や脂質は炭素と水素と酸素でできています。タンパク質は、構成要素としてさらに窒素なども入りますが、基本的な骨格は炭素と水素と酸素です。したがって、詳しい説明は省略しますが、これらの燃料が燃えて出てくる二酸化炭素の量がわかれば、身体でどれくらいエネルギーを消費したかを高い精度で求めることができます。

　二重標識水の具体的な手技は、水を飲んでもらい、2週間のあいだ、

決まった時間にトイレに行って尿を採ってもらうだけです。水を飲んで尿を採取するだけなので、みなさんが自由に生活している状況でのエネルギー消費量を求められるのです。

ただ問題は、水の値段が高いのです。1人前がだいたい5万円。さらに水の分析の費用も同じくらいかかります。この二重標識水法がヒトで使われ始めたのは1980年代初頭ですが、あまり知られていないのは、費用面の限界からひろく一般的には行われていないためです。

●食事アセスメントによるエネルギー摂取量の過小評価

一方、食べる方のエネルギー量はどうやって測っているのでしょうか。みなさんのなかには、スマホで食事の内容を記録するいろいろなアプリを使っている人がいるかもしれません。エネルギー摂取量を評価するには、実際に食べた食事の内容・重量を記録する方法や、特定の食品をとる頻度・量を系統的なアンケート（質問紙）で調べることで習慣的な食事内容を評価する方法などが用いられます。

それで、二重標識水法でエネルギー消費量を測るのと同時に、こうした方法でエネルギー摂取量を評価すると、結果はどうなるでしょうか。ほとんどの人は2週間で体重は変わりませんよね。体重が変わらないということは、食べたエネルギー量と身体で消費したエネルギー量が等しいということになります。

ところが、食事の記録を始めると奇妙なことが起こります。毎回の食事を記録すると、食事に意識的になり、食べ方がいつもと変わってしまうのです。多くの場合、食べる量が減ってしまいます。食べた内容を記録する「レコーディング・ダイエット」という方法がありますが、実際に、記録すると食べる量は自然に減りやすいのです。身体で消費するエネルギー量が変わらず、食べるエネルギー量が少ない場合、自分の身体の組織をエネルギーとして燃やして、エネルギー出納のアンバランスを調整することになります。したがって、体重が減ってやせるわけです。

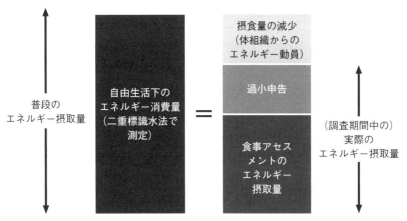

図2　二重標識水法による総エネルギー消費量と食事アセスメントによる
エネルギー摂取量の関係

食事を記録することによる摂食量の減少（これをundereatingといいます）は、図2右側の棒グラフの一番上の部分にあたります。

ところが、先ほど述べたような種々の方法で食事量を評価すると、undereatingを除いた本来摂取しているはずのエネルギー量よりもさらに少ない量となってしまうことが多いのです。これを食事調査法の「過小申告」（underreporting）といいます（図2右側の棒グラフの真んなかの部分です）。実際には、摂食量の減少と過小申告は区別するのが難しいので、このふたつを合わせた部分を広い意味の過小申告と言います。

普段100食べて、100使っている人が、食事調査で80しかエネルギー摂取量を報告しないとすると、残り20が食事調査では漏れることになります。そこで、種々の食事調査で評価したエネルギー摂食量を分子、二重標識水法で測定した総エネルギー消費量を分母にとって割り算すると、図3のようになります。

このグラフでは、縦軸に上記の割り算した値を、横軸にその人のBMI（体重（kg）を身長（m）の2乗で割った体格指数で肥満度の指標

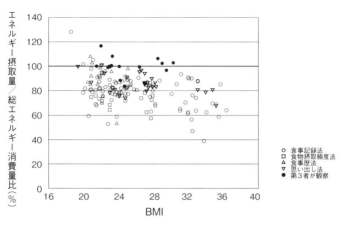

図3　食事調査におけるエネルギー摂取量の過小評価
（日本人の食事摂取基準2015年版報告書）

に用いられる。たとえば、身長170 cmで体重60 kgなら、60÷1.7÷1.7=20.8となる）をとっています。グラフ上のひとつひとつの点は、それぞれが1つの論文の対象集団の平均値です。1980年初頭から2013年までの論文で、BMI、食事調査のエネルギー摂取量、二重標識水法の総エネルギー消費量が揃っているデータを私が集めてプロットしたものです。論文は全部で81件、複数の方法で食事調査を行っているものもあるので、点の数はそれより多くなっています。

　最近の医学研究は、一定の基準で複数の研究データを集めてきて、集めた個々のデータ全体の傾向から判断するのが、より信頼性が高いと考えられてます。メタ分析（メタアナリシス meta-analysis）と呼ばれる手法です。このグラフを見ると、ほとんどの点の縦軸の値は100％を切っていて、食事調査が一般的に普段のエネルギー摂取量を過小評価することが明らかです。しかも、BMIが高い、すなわち肥満度の高い人ほど、過小評価の程度が甚だしくなっていることもわかります。「太った人の食事調査ほど当てにならないものはない」というわけです。

慶應病院の肥満外来での経験談を紹介しましょう。30歳代で体重が100キロ超の女性です。ちなみに、私の肥満外来は、女性では体重が100キロぐらいないと患者さんという感じがしません。それで、その人が毎月、食事記録を書いて来たのですが、一日1,800 kcalぐらいの摂取量で、体重は前の月からまったく減っていませんでした。

　みなさんだったらこの患者さんにどう接しますか。1,800 kcalではまだ多いから、もっと食べる量を絞った方が良いとアドバイスしますか。私は違うことを言いました。「あなた、おかしいですよ。あなたの年齢で、女性で、体重がこれぐらいなら、エネルギー消費量は1,800 kcalよりずっと多いはずです。1,800 kcalの食事で体重が減らないのは、宇宙の法則（熱力学の第一法則）に反しています。これはあなたが実際に食べた物を正確に把握できていないのです。だからやせないのです」

　これに対して彼女は「いや、これ以外は食べていない」と言うのですが、こちらも「いや、そんなことはない」と譲らない。そんなやりとりを続けて2か月、3か月と経過するうちに、彼女の食事記録の食べる量が増えてきました。そして、不思議なことに、今度は彼女の体重が減りはじめたのです。この患者さんは自分の食事に敏感になり、摂取量の把握が少し正確になってきて、それゆえ食事を減らす余地をみつけたのでしょう。そこで私は気づいたわけです。「食事調査のエネルギー摂取量は、その人の目を通して認識されたエネルギー量であって、実際に食べている量を示す客観的なデータではないのだ」と。

　ところで、図3では、黒丸の点（●）だけが、縦軸の100%近くに分布しているのがわかりますか。食事調査のエネルギー摂取量と二重標識水法の総エネルギー消費量がよく一致している特別なデータです。これらは、老人ホームのようなところで、第三者がエネルギー摂取量を調べたデータです。食事を施設のなかで作るため内容がよく分かっているうえ、食べ残しを調べて、差し引きして食べた量を求めています。このよ

うに第三者が観察するとかなり正確なデータがとれるのに、自己申告では過小申告が起こるのです。実に不思議ですね。1人5万円もする水ですから、研究では、いいかげんな人には協力をお願いしていないはずです。まじめな人に記録してもらってこの精度です。

しかも、図3の1つ1つの点が、集団の平均値であることも重要なポイントです。個人ごとに見た場合、過小申告の程度は図3以上に大きなバラつきがあり、個人の食事調査からその人のエネルギー摂取量を評価するのは事実上不可能と言えるのです。スマホのアプリでエネルギー摂取量を把握したつもりになっているのは、まったくのナンセンスというわけです。

● エネルギー消費が強調される理由

ここまでのまとめです。食事調査はエネルギー摂取量を過小評価し、食事のエネルギー摂取量の把握は難しい。とくに、肥満度が高いと過小評価が甚だしくなるということです。第三者が食事を作って食べてもらい、その食べ残しを回収するという方法でなければ、エネルギー摂取量はわからないのです。栄養に関する科学的知識やエビデンスの基礎となる食事調査のデータの精度は、意外に粗いものであるということを、まず認識しておかなければなりません。

エネルギー摂取量に対して、エネルギー消費量は呼気中の酸素、二酸化炭素を調べたり、水を飲んで尿を集めるような方法で正確に測定できます。テレビのコマーシャルなどでは「脂肪が燃える」といったエネルギー消費面の効用をうたった食品が多く見受けられます。これは、消費量の方が測定しやすく、データが出せるからです。

でも、エネルギー出納に及ぼすインパクトは、エネルギー摂取量と消費量でどちらが大きいかといえば、エネルギー摂取量の方が圧倒的です。たとえば、1日300 kcalを食事で絞るのはできないことではありませんが、300 kcal運動で余計に使うのは大変ですし、さらに、エネルギー消

費の効率の変化で300 kcal 増えるというのは、ほとんどありえない話です。コマーシャルの「エネルギー消費量が増える」式のはなしは、そのインパクトについて注意してかかる必要があるわけです。

3．体重変化とエネルギー出納の調整
●エネルギー消費の分類

さて、総エネルギー消費量の方は、これを３つの部分に分けて理解するのが実際的です。

まず、身体を動かすことによるエネルギー消費である「身体活動」は分かりやすいですね。

次に「基礎代謝」です。基礎代謝は生存に必要な最低限のエネルギー量と定義され、朝食前に横になっている状態で測ります。脳と肝臓と心臓と腎臓——この４つの臓器で基礎代謝の６割ぐらいを占めます。一方、筋肉（骨格筋）の基礎代謝への関与は意外に少なくて20％ほどです。

基礎代謝は最低限のエネルギー消費なので変わらないかというと、じつは簡単に変わってしまいます。たとえば、今晩、大量に過食すれば明日の基礎代謝は高くなりますし、逆に２、３日絶食に近い状態で測れば基礎代謝は下がります。つまり、最低限のエネルギーといいながら、基礎代謝は意外に簡単に変化し、エネルギー摂取量の過不足のバランスを調整しているのです。

最後に、総エネルギー消費量を構成する３つめの部分が「食後の熱産生」です。これはエネルギー摂取量（つまりは総エネルギー消費量）の10％を占め、摂取した食物の消化、吸収、体内の貯蔵に使われます。手数料みたいなものですね。100食物を食べたとき、身体で使えるようにするために、10％が差し引かれてしまうのです。

●身体活動

総エネルギー消費量を構成する３つの部分のうち、身体活動はさらに

「運動」「生活活動」「自発的活動」の3つに分かれます。どれも骨格筋を動かしてエネルギーを消費しますが、このうち体力向上を目的に意図的に行うものが運動です。それに対して、生活活動は、通学、仕事、家事などで身体を動かすものです。健康のため、1つ手前のバス停で降りて歩きましょう、あるいは、エレベーターを使わず階段を使いましょう、とよく言われますが、これは生活活動を意図的に増やしているのですね。

では、3番目の自発的活動とはなにか。たとえば、みなさんはいまずっと座っていると思っているでしょう？　でも、教室の様子をカメラで撮影しておいて、後で早回しで見ると、寝ている人以外はプルプルと動いているはずです。姿勢の保持で細かく体を動かしているのですね。また、みなさんはいま脚を投げ出していますが、眠っているときの筋肉が完全に弛緩した状態とは違います。筋肉の緊張（トーン）を維持するためにエネルギーを余計に使っているのです。これらは日中ずっと続くので、結構なエネルギー消費になります。

この3つの身体活動のうち、ジョギングする、あるいは階段を使うといった意図的にコントロールできる部分が、運動と生活活動です。それに対して、自発的活動は意図的にコントロールできません。ということは、みなさんの身体が勝手にそれをコントロールしているわけです。

●自発的活動量の変化と体重増加

食事をとると、エネルギー消費量はどう変わるでしょうか。先ほど基礎代謝については少し説明しました。食後の熱産生は今日は省略し、自発的活動について説明しましょう。

まずは過食実験です。16名の人に8週間、1日1,000 kcal余分に食べさせるとどうなるでしょうか。結果は、ずいぶん体重が増える人と、あまり体重が増えない人と、体重増加に個人差が出ます。体重があまり増えなかった人では、基礎代謝、食後の熱産生は変化がなく身体活動量が増えていたのですが、この実験では運動や生活活動を変えないよう指示

しており、身体活動量の増加は自発的活動の増加によることがわかりました。つまり、過食すると、日常生活でちょこまかと動く量が自然に増える人がいて、こうした意図しない活動量の増加で余計にエネルギーを使って、体重増加に抵抗していたのです。

こうしたエネルギー出納の調整機能は、かなり遺伝的に規定されるようです。たとえばＡさんとＢさんを狭い部屋に押し込めたとしましょう。すると、Ａさんはずっと座りっ放し、Ｂさんは狭い部屋にも関わらずちょこまかと動く量が多い。こうした二人を何年後かにフォローアップすると、Ｂさんの方が体重増加が少ないのです。しかも、Ａさんの家族は、狭い部屋に入るとみんな動かないのに対し、Ｂさんの家はみんなちょこまか動きまわる、こうした家族集積性があることもわかっています。狭い部屋に押し込められて身体活動が制限され、エネルギー出納がプラスになったときに、自発的に動く量を調整して体重増加にブレーキをかける機能が我々の身体には備わっており、人によりその精度に差があるのです。

●ミネソタ半飢餓実験

一方、エネルギー出納がマイナスとなる飢餓実験についても見てみましょう。1944年から1945年にかけてアメリカのミネソタ大学で行われた有名な実験です。

この実験が行われた背景には、第２次世界大戦末期、ナチスに占領されたヨーロッパで発生した深刻な食料不足があります。たとえば、オランダなどはひどい飢餓状態に陥っていました。そこでアメリカは、飢餓状態から安全に回復するにはどうしたらいいのかを国家レベルで研究する必要があると考え、この実験を始めたのです。まだ戦争している最中にです。

実験は、男性32名を大学に住み込ませて行われました。最初の３月は体重維持に必要なエネルギー量の食事を与え、続く６か月で食事を絞っ

て痩せさせ、最後の3か月間は食事量を増やしていきました。飢餓食を摂取した6か月の最後のころには、被験者たちは文字通り骨と皮だけとなり、低栄養で足にむくみが生じた人もいました。彼らが日光浴している写真が印象的ですが、飢餓状態に置かれると、ヒトは動く量を極限まで減らしてできるだけダラダラして過ごし、エネルギー消費量を抑えて体重がそれ以上減らないようになるのです。

●エネルギー出納バランスと体重・体組成

　エネルギーの出納バランスはよく天秤の模式図で表わされます。しかし、天秤ではエネルギー出納と体重の関係が理解しにくいので、私は図4のような模式図を使って説明しています。

　図4ではバスタブのなかにたくさん水が入っています。これが体重です。それで、上の蛇口から水（エネルギー摂取量）が注がれ、下の蛇口から水（エネルギー消費量）が持続的に排出され、水がだだ漏れしている状態です。体重が変わらなければ、上の蛇口から入る水の量と、下の蛇口から出る水の量は等しい。こうして、エネルギー出納がバランスされ、エネルギーがただ身体を通過して体重が一定に保たれている――これが我々の身体です。我々の身体はエネルギーに関して開放系なのです。

　ところで、天秤でなくバスタブモデルで考えるのは、体重がエネルギー消費量に影響するからです。バスタブに水がたくさん入っていると、水深が深いので、下の蛇口からどんどん水が出ていきます。体重が多ければ、基礎代謝も高いし、身体を動かす際も、たとえば、みなさんが背中に10キロの重りを背負って歩いたら、背負わないときよりたくさんエネルギーを使う。つまり、エネルギー消費量は体重に規定されるのです。

　では、このシステムで食べる量（上の蛇口）を絞ったらどうなるでしょう。これは、下の蛇口を開き、動く量を増やした状態と見ることもできます。水面はどんどん浅くなっていきますね。でも、バスタブの水は空になるかというと、空にはならない。水深が浅くなると、下の蛇口か

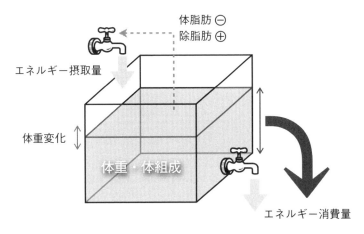

図4 エネルギー収支バランスと体重・体組成

ら出る水の量（エネルギー消費量）が減って、そこで、新たな平衡状態に達します。食事を絞ったり増やしたり、あるいは身体活動量を増減して、エネルギー出納のバランスをずらすと、体重が短期的に変化するのですが、体重が変化することで長期的にはエネルギー出納のバランスが調整され、新たな平衡状態に移行するのです。

●体脂肪、除脂肪体重とエネルギー摂取

　我々の身体には体脂肪があります。細胞のなかに脂肪の形でエネルギーをため込んでいるのです。ところが、脂肪細胞はエネルギーをため込むだけではなく、じつは分泌型のタンパク質の遺伝子情報をたくさんコードしており、細胞外にたくさんの物質を分泌します。細胞のなかにどのくらい脂肪がたまっているかを、こうした生理活性物質を使って脳に知らせています。これを受けて、脳はエネルギー消費量や摂取量をコントロールします。体重が増え、体脂肪が増えると、もうそんなに食べなくていいからと摂食量を抑え、もっとたくさん使ってとエネルギー消費量を増やします。逆に、体脂肪が減ると、今度は食欲を亢進させてもっ

と食べるようにもっていき、自発的活動を減らしてエネルギー消費量をセーブするのです。

つまり、体脂肪はエネルギー出納バランスにとても重要な役割を果たしています。ヒトの生存にまず重要なのは、筋肉よりも体脂肪です。骨格筋のなかにあるグリコーゲンの量は、エネルギーとして1日分しか持ちませんから、長期的に生きぬくには体脂肪が重要で、体脂肪量を保つ方向に調整する働きが身体には張り巡らされているのです。

一方、筋肉については、骨格筋の量が多いと食べる量が多いというデータがあります。すでにバスタブの図で見たように体重はエネルギー消費量に影響するのですが、エネルギー摂取量にも影響があり、その場合、体脂肪と骨格筋では働き方が逆のようです（図4）。体脂肪はその増減が起こらないようエネルギー摂取量にフィードバックをかけるのに対し、骨格筋の方はその量に依存してエネルギー摂取量にプラスの方向で働くのです。

多くの人では体重は一定で変化がなく、食べたエネルギー量がただ身体を素通りしているように見えます。しかし、エネルギー摂取量、消費量、および体重・体組成は三つ巴で動いており、三者の絶妙なバランスによって、体重が一定に維持されているのです。自転車がバランスを取りながら前に走っているような状態です。意図的に食べる量や動く量を動かせば体重が変化しますが、新しい体重で新たにバランスをとり、走り続けていくのが生命のおもしろいところです。

4．肥満が合併症をともなうメカニズム
●Mass effect

プラスのエネルギー出納を吸収しようとして、体重が増え、動かなくてもエネルギー消費の多い身体となる。その結果生じるのが肥満という事態です。そのときに合併症が起こってくるメカニズムが、mass effect

と capacity の不足です。

　Mass effect とは、単純に、体組織が多いと悪いということです。たとえば血圧を例に取りましょう。体重が多く、体組織の量が多くなると、そこにたくさん酸素などを送り込まなければなりません。そのためには、1分間に送り出す血液の量を増やす必要があるわけですが、これは、脈拍数を上げるか、1回に心臓から押しだす1回拍出量を増やすか、どちらかです。でも、体重が2倍になったからといって、たとえば体重120キログラムの人の心拍数が60キログラムの人の2倍になるわけにはいきません。したがって、体重が多い人の心臓は1回拍出量を増やすことで、全身の酸素需要の増加に対応するわけです。そのときに、全身の血管の抵抗が変わらなかったら、当然血圧は上がります。肥満者で血圧が上がるメカニズムはいろいろありますが、単純に体組織が多いだけでも、血圧は上がるのです。

●Capacityの不足

　一方、矛盾するような話ですが、脂肪をため込む場所（capacity）が相対的に少ないというのも、肥満の合併症の原因になります。例として、脂肪萎縮症という病気について説明しましょう。全身の脂肪組織が、先天的、後天的に減少または消失してしまう病気です。先天的に体脂肪がないと見た目は筋肉質なのですが、健康かというと、そんなことはありません。食べ物で脂肪を摂ったときに、それを身体のなかにためる場所がないため、血液中に中性脂肪があふれかえります。仕方ないので、肝臓に脂肪をたくさんため込んで脂肪肝となりますし、血液中に脂肪が高い濃度で存在していると、すい臓にダメージを与え、インスリンという血糖を抑えるホルモンの分泌が悪くなります。こうして、脂肪萎縮症の人は、高頻度で糖尿病になります。肥満して体脂肪が多い人が糖尿病になるのは当たり前のようですが、体脂肪が全然なくても、糖尿病になってしまうのです。

実験動物で脂肪組織を遺伝的にノックアウトした痩せマウスをつくることができます。脂肪萎縮症のモデルですね。この痩せマウスは皮下脂肪がまったくなく、写真でお腹が出ているのは、肝臓に脂肪をため込んで肝臓が肥大しているからです。そして、この痩せネズミもほどなく糖尿病になります。

　ところで、このネズミに脂肪組織を移植し、脂肪をため込む場所を作ってやるとどうなるでしょう。結果は、移植した脂肪組織の量が多いほど、血糖が下がるのです。つまり、体脂肪は食事由来の脂肪をため込むための重要な組織なのです。この脂肪をため込む能力には個人差があり、能力の限界を上回って脂肪が蓄積すると、糖尿病などの合併症が起きやすいのです。

　女性と男性では体脂肪のつき方が違いますね。女性に典型的な肥満体型は、お尻や太ももに脂肪がつき、一方、男性に多い肥満体型はウェスト回りに脂肪がつきます。前者は下半身型、末梢型、あるいは果物にたとえて洋ナシ型と呼ばれ、後者は上半身型、中心型、リンゴ型と呼ばれます。そして、肥満の程度が同じでも、後者の肥満体型の方が合併症を伴いやすいことが分かっています。

　外からみた体型の違いだけでなく、CTスキャンを撮ると別のものが見えてきます（図5）。これは、ヘソの高さでおなかを輪切りにした図で、左は19歳の女性、右は62歳の男性です。まず左側を見てください。上の真んなかの凹んでいる所がヘソ、中央に丸く白く写っているのが脊椎、その斜め四方を囲む黒く丸いのが筋肉、さらに腹壁の薄い筋肉に囲まれてにょろにょろ写っているのが腸で、それ以外は全部脂肪です。腹壁の筋肉の外側の皮下脂肪のほかに、腹壁の筋肉の内側の腸の周りにも脂肪がついていますが、この腸の周りにある脂肪を内臓脂肪と呼びます。内臓についている脂肪ではなく、内臓の周りにある脂肪のことです。この19歳の女性は皮下脂肪をたくさん蓄えていますが、合併症はあまりあり

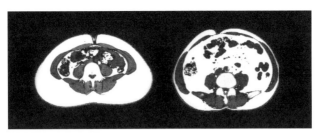

図5　腹部のCTスキャン画像

ません。一方、右側の62歳の男性を見てください。左側と全然違うでしょう？　この人は、皮下脂肪はほとんどありませんが、内臓脂肪が非常に多い。そして糖尿病、高血圧、脂質異常症、高尿酸血症など多くの合併症を持っています。

　皮下脂肪と内臓脂肪の違いとして、皮下脂肪は脂肪細胞の数に依存して脂肪をため込むのに対し、内臓脂肪は脂肪細胞一個一個が大きくなって脂肪をため込みます。実は、62歳の男性のCT写真は1989年に撮ったものです。1989年に62歳だった男性が若かった頃には、日本人で太っている人はいませんでした。ところが、その後に西洋化が起こり、食事からのエネルギー量が増え、動く量が減って、余ったエネルギーを脂肪としてどこかに貯め込まなければならなくなった。しかし、やせていて脂肪細胞の数が少ないので、脂肪をため込むには、内臓脂肪1個1個が無理やり大きくなって脂肪をため込むしかなかったのです。

　これに対し、19歳の女性の場合は皮下脂肪がたくさんある一方で、内臓脂肪が少ないことから、脂肪細胞の数が多く、脂肪を身体に無理なく収められていることが分かります。このひとはBMIが30の肥満ですが、脂肪をためこむcapacityが大きく、まだ余裕がある状態です。Mass effectの問題はありますが、それでも合併症は少ないのです。一方、62歳の男性は、BMIが24.5と普通体重ですが、脂肪をため込む能力が小さ

いために、内臓脂肪が無理やり大きくなって脂肪をためこんでいるのです。こうした脂肪をためこむ能力の違いに注目すると、減量目標は、その人なりの目標を考える必要があることがおわかりいただけるでしょうか。その人の脂肪をため込む capacity を上回らないレベルが減量目標になるわけです。

●内臓脂肪蓄積が合併症をともなうメカニズム

　Capacity の不足がなぜ悪いかを、細胞レベルで見てみましょう。できてすぐの幼若な脂肪細胞は、普通の細胞と同じように小さいのですが、次第に脂肪をなかにため込んで大きくなっていきます。無理なく貯め込めるレベルまでは問題ないのですが、その限界を超えて脂肪細胞が肥大すると問題が起きてきます。先ほど、脂肪細胞は細胞の外にいろいろな生理活性物質を分泌していると言いましたが、脂肪細胞が限界を超えて大きくなると、悪玉の生理活性物質をたくさん出すようになるのです。それらが直接の原因となって、種々の合併症が起こります。

　また、脂肪細胞にため込めず、あふれた脂肪は、肝臓、筋肉、血管の周囲などいろいろなところにも沈着します。こうした本来とは異なる組織に脂肪が蓄積することを、異所性の脂肪蓄積といいます。これらも合併症の原因になるのです。通常、動脈硬化は血管の内側から起きますが、たとえば、脂肪が血管の周囲につくことで、肥満した人の動脈硬化は外側からも進むのです。

　さらに、内臓脂肪蓄積が合併症をともなう3番目の機序として、DOHaD（Developmental Origins of Health and Disease）という仮説があります。生まれる前後の栄養状態が後の病気の発生に影響する、という考え方です。お母さんのおなかのなかにいるときにお母さんが摂取していた食事や、生まれてすぐの栄養状態によって、生活習慣病（昔は成人病と呼ばれました）などの病気が起こる、という仮説で、実験レベルではかなり証拠が揃ってきています。

我々は、お母さんのおなかのなかにいるときから送り込まれる栄養をもとに、「自分の回りの世界はこんな感じだ」と判断し、それに合わせて身体を作っていくのです。たとえば、すい臓のインスリンを出す場所は、生後1歳の段階で、大人の半分のサイズにまで成長します。胎児から生後1年までの情報によって、インスリンを出す能力はあらかた決まってしまうのです。そのときの栄養の状況と、その後の状況が大きく異なると、すい臓はうまく対応できないことになりかねません。

　こうした変化は、栄養状態によるDNAの修飾で起こることがわかっています。DNAは遺伝情報を伝える物質で、すべての設計図であるかと思いきや、その設計図は身体の外から与えられる栄養によってある程度書き替えられてしまうのです。DNAにメチル基がついたり、ヒストンが修飾されたりして遺伝情報の発現のしかたが変わり、たとえば、筋肉の毛細血管の密度、すい臓のインスリンを出す場所の大きさやそこに行く神経の支配、あるいは脂肪細胞の分化など、生活習慣病のリスクを左右する種々の変化をもたらすのではないかと考えられているわけです。

　内臓脂肪が多いとなぜ悪いのかをまとめると、1）脂肪細胞が肥大すること、2）あふれた脂肪が異所性に蓄積すること、3）そもそも脂肪細胞の量を規定する胎生期〜生後初期の栄養状態が他の機序から生活習慣病を合併すること（内臓脂肪はそのマーカーである）、の3つのシナリオが考えられます。これらにはいずれも栄養が大きな影響を与えているのです。

5．体重コントロールのための食事の工夫
●年齢別に見たエネルギー必要量

　エネルギー出納の調整、そのアンバランスから生じる肥満が合併症をもたらす機序、と話を進めてきました。段々と医学の臨床の話に移っていきましょう。

みなさんの体重は大学を卒業するとどうなるでしょうか。ある職域の複数年の健診データをまとめてみたところ、20歳代男性の4人にひとりは、1年あたり体重が1.4キロも増えていました。さらに30歳代男性では、5人にひとりが1年あたり1.2キロ増えていました。つまり4、5人にひとりは卒業後20年で20キロ超の体重増加をきたすわけです。がく然とするかもしれませんが、これが現実に起きていることで、男性は就職すると体重がすごく増えます。同窓会に出ると、横方向の縮尺がまったく変わってしまって「あれはいったい誰だ？」という人が少なからず出てきます。

　女性はというと、若い女性は痩せが多いとよく言われます。でも、厚生労働省の国民健康栄養調査のデータをよく見ると、成人期以降は女性も年齢とともに痩せが減り、肥満者が増えて、体重が増加していることがうかがえます。先日、自宅の郵便受けに入っていたエステのチラシの漫画で、女子会で36歳の先輩に「センパイ、貫録つきましたね。背中が大きすぎます」と言うセリフがあって、よく観察しているなと笑ったのですが、背中に脂肪がついたり、妊娠、出産を契機に体重が増えたりするのは女性でもよくあることです。20歳のみなさんの身体はあらかじめプログラムされた完成形に達しており、生活習慣病の予防のためには、成人期以降の体重（体脂肪）の増加を防ぐことが重要です。

　いろいろな年齢のひとで、体重当たり1日何kcalのエネルギーを使っているか、先ほどの二重標識水法で測ったデータをまとめた図があります（図6）。各研究論文の対象者の年齢とエネルギー消費量の平均値をそれぞれ横軸と縦軸にプロットしています。このデータを見ると、10代でエネルギー消費量がぐっと下がっています。子どものときは身体を大きくするために組織を合成しており、体重当たりのエネルギー消費がすごく大きい。つまり基礎代謝が高いのです。

　ところが、身体ができあがって30代を過ぎると、エネルギー消費量は

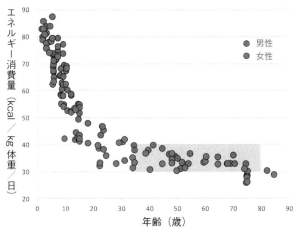

図6　年齢別にみたエネルギー消費量
(食事摂取基準2015年版報告書p60)

ほぼ一定になって、体重当たり30〜40 kcalの範囲に収まってしまいます。これが一般的なエネルギー消費量の実測値です。

●糖尿病患者のエネルギー処方

しかし、みなさんの先輩が卒業して20数年経って生活習慣病を発症し、病院を受診して栄養指導を受ける場合、体重あたり25〜30 kcalのエネルギー量が指示されます。これはもとは糖尿病患者のエネルギー処方です。糖尿病食は健康食とされ、生活習慣病一般のエネルギー処方や、高齢者施設などの給食のエネルギー量にもこの値が用いられています。

しかし、体重あたり25〜30 kcalというこの数字がどこから来たのか、誰もわからないのです。今から50年以上前の1963年に、糖尿病学会が食事療法の基本となる食品交換表をはじめて作ったとき以来ではないかとされていて、糖尿病学会の50年記念誌（2008年）に掲載されている対談では「当時、健常人に比べて糖尿病患者で基礎代謝が10％少ないことがわかった」と書いてあります。しかし、当時、中心的に活動された先生

方は、みなさん亡くなられたか相当のご高齢のため詳細が不明で、根拠となるデータも残されていないのです。しかも、近年のデータでは、糖尿病患者の基礎代謝は、健常人より５％程度高いか、差がないかなのです。

　ひとつ考慮しなければならないのは、50年以上前には健康診断がなく、糖尿病は、相当進行して体重減少が著明になってから受診するのが普通だったということです。今のように、自覚症状がない初期のうちに健診でみつかって病院を受診するのとは、病態がかなり異なっていた可能性があるのです。

　しかし一方で、今はお亡くなりになった、私の内科の研究室の大先輩の先生は「そんなデータはなかった。たんに体重を減らすために10％減にしたんだ」と言っておられました。私の研究室は伝統的に、体重や基礎代謝の研究を専門にしていたので、この発言には信憑性があると思っています。また、ある年齢の高い管理栄養士の方は、「昭和20年代の食料不足を背景に、入院中の患者さんに供給する必要最低限のエネルギー量として規定したのではないか」と言っていました。当時は食料配給制だったので、病院の栄養士は患者さんの食料を買い出しに行ったり、患者も食事が足りないので、七輪を病室に持ち込んで自分で調理していたという逸話があります。

　飼料や肥料の不足で卵や果物が小さい、インフレで魚や肉の１切れも小さいので、100 kcalでなく、80 kcalを１単位にした食事管理の方が日常生活に即している、ということを第１回栄養改善学会（昭和29年）で発表した人がいて、それ以来、糖尿病では今でも１単位80 kcalの食事指導が行われています。スーパーで手に入る卵はM玉なのに、１単位80 kcalのS玉が食事指導では使われたりして、我が国の食事療法はいまだに戦後レジームなのですね。

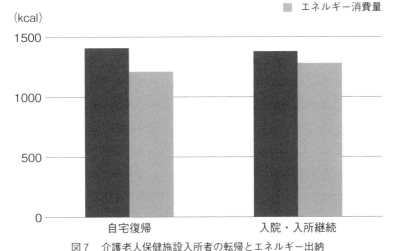

図7　介護老人保健施設入所者の転帰とエネルギー出納
（池田崇ほか：理学療法科学2015; 30: 47-52）

●介護老人保健施設入所者の転帰とエネルギー出納

　生活習慣病だけでなく、高齢者施設の食事もそうです。生活習慣病の人は長生きしないので、結果として高齢になるまで長生きした人では、身体が脆弱になり肺炎などで死ぬことが多くなります。介護老人保健施設に入所した人で、その後自宅に戻れた人と、自宅に帰れず入所を続けたり病院に入院した人で、それぞれのエネルギー摂取量と消費量を比べたデータがあります（図7）。

　このデータでは、エネルギー消費量は、要因加算法といっていろいろな強度の身体活動をそれぞれどのくらいの時間行なったかを足し合わせる方法で求めており、一方、エネルギー摂取量は提供した食事と食べ残しから求めているので、摂取量と消費量の大小を直接比較することは難しいです。しかし、両群間のエネルギー出納を傾向として比較することは可能で、結果は、エネルギー出納がプラスに傾いている、つまり、エ

ネルギー摂取量が消費量を上回る傾向にある人たちの方が、自宅に復帰しやすいわけです。食べ過ぎによる肥満が問題となる成人とは異なり、お年寄りは、たくさん食べる人の方が生き残りやすいのです。

でも施設に入所すると、自分でご飯を作ることはできないし、おやつを外に買いに行くこともできず、出てくる食事しか食べられない。しかし、その食事のエネルギー量には明確な基準がなく、ここでも体重当たり25〜30 kcal が基本に設定されているのが現状です。飢餓実験の所で話しましたが、もしエネルギー摂取量が少ないと、人は自発的活動量を減らしてエネルギー消費を抑えます。じっとしているわけです。その結果、筋肉が減り、どんどん衰えていくという弊害が起こりうるのです。

● 負のエネルギー出納と体重のsettling point

若いみなさんの話に戻って、体重を減らすとどうなるのかを考えてみましょう。

体重1グラムに相当するエネルギー量は7 kcalといわれています。したがって、1日100 kcal 食事を減らす、あるいは運動で1日100 kcal を消費すると、初日は100÷7＝14グラム体重が減ります。そこで、100 kcal の食事制限を365日続けると、100×365÷7＝5,210グラム。「1日わずか100 kcal の食事制限も、こつこつ続けると1年で体重が5.2キロ減る」と、世界中の多くの健康ガイドラインが述べています。でも、これは間違っていますよね。1年だからだまされますが、10年で52キロ、20年では104キロとなり、誰もいなくなってしまいます。

体重が減ると、エネルギー消費量も減ると先ほど言いました。初日14グラム体重が減ると、翌日はわずかにエネルギー消費量が減り、食事を100 kcal 絞っても、2日目は体重が14グラムは減らなくなります。多人数のエネルギー消費量を二重標識水法で求めたデータでは、体重が7％少ないと、エネルギー消費量は10％少なくなります。この関係を用いて、100 kcal の食事制限を続けた場合の体重減少の曲線を描くと、図8のよ

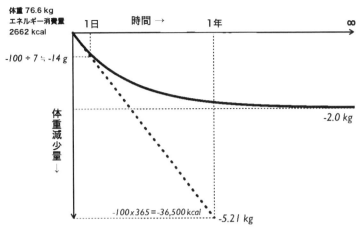

図8　負のエネルギー収支と体重のsettling point
（日本人の食事摂取基準2015年版報告書 55-57）

うなカーブになります。体重減少はすぐに鈍り、完全に横ばいになるには無限大の時間がかかりますが、だいたい2年ほどでほぼ横ばいになります。これが理論的な体重減少の曲線です。

　この曲線を実は薬でも作ることができます。糖尿病の飲み薬で、尿のなかに糖を逃がす薬が2014年に発売されました。糖尿病は血液中のブドウ糖濃度が上昇し、あまった糖が尿に出る病気ですが、逆転の発想で、尿に糖を逃がすことで血糖を抑える薬が作られたのです。この薬を飲むと、一定のエネルギー量が尿から出ていき、体重は減っていきます。食事を絞ったのと同じ状況です。しかし、最初は体重が速やかに減りますが、やがてゆるやかになって横ばいとなり体重が減らなくなります。先ほどと同じような体重減少のカーブが現れるわけです。

●エネルギー摂取量に影響を与える要因

　ところが、現実の世界では、みんな、食事制限や運動をきちんと継続しません。Look AHEAD研究というアメリカの研究では、2,570人の糖

尿病患者さんを対象に8年間、食事と運動を指導しました。なにもしなければ、8年間で徐々に体重が増えていったはずの人たちですが、1年目はほとんどの人が一生懸命、食事と運動に取り組んだため、それなりに体重が減りました。しかし、その後の経過は、人によってさまざまでした。丁寧に食事や運動を指導しても、そのひとが継続するかどうかで、体重はさまざまに変化するのが現実の世界です。

したがって、食事について言えば、エネルギー摂取量に影響を与える要因も考慮し、食事制限を継続しやすいよう配慮する必要があります。

先ほどエネルギー摂取量を測るのは難しいと言いましたが、既知の食事を与えその残食を調査する方法を用いて、エネルギー摂取量にどのような因子が影響を与えるかが研究されています。例えば、食事の栄養組成や、味・色・テクスチャなどの特性、また、食べるスピードや食べる時間帯などの食事の食べ方を変えると、エネルギー摂取量が変わることがわかっています。あるいは、ストレスなどの個人の内的・心理的要因や、食物の入手しやすさや価格、誰かと一緒に食べると食事が増える、といった外的・社会的な要因も、エネルギー摂取量に影響します。身体のなかの調節機構に目を向けると、基本的な空腹感、満腹感の調整は脳の視床下部が司っており、大脳辺縁系（報酬系）や、さらには睡眠不足や女性の場合は月経周期といった因子が視床下部の働きに影響します。

そんななかで、今日は、食品それ自体に関係する因子としてエネルギー密度、食べ方に関係する因子としてポーションサイズを簡単に説明します。

●エネルギー密度が高いと過食になりやすい

エネルギー密度は、食品の重量あたりのエネルギー量（kcal/g）と定義され、エネルギー密度が高いと過食になりやすいとされます。たとえば、脂肪のエネルギー比率が20％、40％、60％と異なる3種類の食事を、それぞれ7日間ずつ自由に食べてもらうと、脂肪の多い食事の方がたく

さんのエネルギー量を摂取することになります。このとき摂取した食事の重量を見ると、3種類の食事であまり差はありませんでした。エネルギーは大きく異なるのに、重量ではあまり差がないということは、重量が食事量を大きく規定することを意味しています。脂肪の多い食事はエネルギー密度が高く、少ない重量でエネルギー量が多いために、ついつい過食になりやすいというわけです。

食品のエネルギー密度を規定する因子は、その食品に含まれる脂肪と水の量です。これをコントロールすることで、同じようにお腹いっぱい食べていても、エネルギー量が調整できます。エネルギー密度の低い食事をとれば、体重が自然に減りますし、逆に体育会の学生などが身体を作っていくときはエネルギー密度の高い食事の方が有利なわけです。

● ポーションサイズの食事量への影響

一方、ポーションサイズは食事のサイズで、たとえばお皿に盛り付ける量などのことです。ポーションサイズを大きくすると、5歳の子供でさえ食べる量が増えます。ですから、ダイエットする人は、ポーションサイズを小さくすることが大切です。

しかし、これは3歳の子供に対しては有効ではありません。小さい子供は、1食ごとで見ると、食べたり食べなかったり、いわゆるムラ食いするのですが、少し長い期間で見ると、使ったエネルギー量と食べる量がうまくバランスされています。我々の身体は、本来、こうした調整メカニズムを持っているのですが、お母さんが「出したものは残さずちゃんと食べなさい」という指導をしていると、だんだんポーションサイズに影響されるようになって行きます。こうした社会的、あるいは文化的な制約によっても食べる量は影響を受けるわけです。我が家では、子供に「残してもかまわない」と言って育ててきました。身体に備わっているエネルギー出納の調整能力をなるべく修飾しないよう配慮したのです。

6．継続のための仕掛けづくり

●効率 vs. 継続性・楽しさ

　さて、「健康的な食事」というと、みなさんはどんなイメージを思い浮かべますか？　病院の患者さんのなかには、治療食は粗食で魅力がないと考える人が多いですが、スローフードやオーガニックといったキーワードにこだわったレストランのメニューを見ても、あまり美味しそうに見えないものが多いのが現状です。このことから食事を作る側にも、健康食は粗食でかまわないと考えている人が多いことが分かります。でも、健康のための食事が粗食で、食べる楽しみを十分与えてくれなければ、どうしてそんなものを毎日食べたいと思うでしょうか。

　これは運動でも同様のことが言えます。健康のための運動、あるいは運動療法といったものは、効率を重視し、身体を動かす楽しさを考慮しないつまらないものが多いのです。一方で、楽しみのために身体を動かす一般的な運動は、健康上の効果を通常考慮しないので、健康運動としての効率は今一つかもしれません。健康上の効果と「楽しさ」はトレードオフの関係になるのですね（図9）。でも、健康運動として効率が高くても、楽しくなければ長続きしないので、結局、運動の効果は発現しません。したがって、最も望ましいのは、右上の領域、つまり、健康運動としての効率も高く、やっていて楽しい運動を目指すことです。

　Photoshopという画像処理ソフトでは、レイヤーという概念があります。健康のための食事や運動について、いくつかの「層」（レイヤー）を設けて、図9を重層的に捉えることも可能です。一番下のレイヤーは「安全性」です。食事も運動も、安全性は絶対条件です。ふたつめのレイヤーは「有効性（質）」で、健康上の効果がはっきりと証明されていることです。しかし、それを継続できなかったら、食事も運動も効果を発揮しません。ですから最後のレイヤーが「継続性と楽しさ」です。有効性と、継続性・楽しさの両立が重要です。

図9　健康運動の効率 vs. 継続性・楽しさ（ポジションイメージ）

　有名シェフによる某ドクターズレストランの低エネルギーのフルコース料理では、前菜ひとつとっても非常に吟味されたものが出てきます。パンの付け合わせには、バルサミコ酢や良質なエキストラバージンオリーブオイルが使われ、スープ、お魚、お肉、ときれいに盛りつけられて出てきます。先ほど見た粗食メニューとは一見して異なり、必ず赤色が使われていることも気がつきます。こうして目でも刺激を受け、食事の満足度を高めてくれます。味はもちろんおいしいのですが、味覚や嗅覚以外にもたくさんの情報のインプットがあり、身体は十分量の食事を摂ったような満足感を味わいます。望ましい食事は、こうした方向にあるのではないかと思われます。

●楽しく継続できる食事と運動

　それでは、継続性に関わる食事の条件はどのようなものでしょうか。まずは「エネルギーや栄養素が十分ある」ことです。この条件は、さき

ほど述べた有効性とも関連します。続いて「食欲を満たす」「おいしい」ことが挙げられます。でも、これだけでは不十分です。運動は毎日同じルーティンをこなしてもその度に発見がありますが、食事の場合は、毎日同じものは食べられません。したがって、「バリエーションが豊富」であること、そして「手間が掛からない」ことも重要です。だからこそ継続できるわけです。

　一方、健康的でない食事や、動かないオプションが数多く存在するなかで、我々を健康のための食事、運動へと駆り立てるには、強力な動機づけ（モチベーション）が必要です。逆説的ですが、「健康のための食事」「健康のための運動」など、食事や運動の目的がよそにある場合、長続きしにくいものです。最初はその気になって始めても、すぐには健康上の効果が得られないので、長期間かけて目的が達成される前にやる気が萎えてしまいます。長期間にわたって続けられるのは、結局、その食事、運動が楽しいかどうかに尽きます。

　とくに運動に関連した楽しさの要素については、かなり分析されています。今日は時間の関係で省略しますが、「内発的動機づけ」とこれを構成する3つの因子である自律性、能力感、社会的関係性について、関心があれば自分で勉強してみてください。健康的な運動、食事を指示するだけでは人は継続せず、本人にどのようにやる気を出させ、自発的にやらせるかを戦略的に考えるようになっているのです。

　ただ、食事の場合、それだけでは十分に解決しない問題もあります。運動に比べて、食事はそのたびにお金がかかります。先ほどお話ししたエネルギー密度を縦軸、1kcal当たりの値段を横軸に取って、多くの食品をプロットすると、両者は負の相関を示します。つまり、エネルギー密度が低く健康的な食品は値段が高いのです。国民健康栄養調査では、所得が低い層の野菜摂取量が少ないことが報告されていますが、野菜や果物は値段が高く、入手するのにハードルが高いのです。健康的な食事

と言われても、1日の食費が500円ではなにもできない、といった限界は克服しがたい問題として残ります。

　最後に、こうした健康的な食事や運動を仕掛ける立場からみたマーケティングの話をします。「4P」というマーケティングの一般的なフレームワークがあります。これは製品（Product）、価格（Price）、流通（Place）、宣伝（Promotion）といった、自分の強みの商品を売りつけるための考え方の枠組みです。

　しかし、こうした4Pの枠組みはもう十分機能せず、消費財を売る場合でさえ、サービス財を売るのと同じように顧客のニーズを分析しなければいけないと言われるようになっています。そのため、4Pを顧客の目線から捉え直した「4C」、顧客にとっての価値（Customer's value）、顧客にとっての経費（Customer's Cost）、顧客利便性（Convenience）、顧客とのコミュニケーション（Communication）というフレームワークに沿って考えようという動きがあります。そして、食事や運動はサービス財そのものなのです。

　これまで、医療関係者は「健康的な食事を食べろ」「運動しろ」と上から目線で教育、啓蒙を続けてきました。しかし、いま述べたようなマーケティングの考え方がだんだんと浸透してくると、食事や運動が本人たちにとって、どんなメリットがあるかを考えるようになってきます。一般人のなかに少数の健康オタクはいるけれど、健康をまじめに考えている人はごくわずかです。ですから健康以外のメリットは何か、その食事、運動を取り入れるにあたり、どんなデメリットがあるか。どうしたら取り入れやすく、どのように情報共有を図るか、マーケティングの考えを取り入れて、戦略を練るようになってきているのです。

V

「食べる」を「体験する」

野口和行

(のぐち　かずゆき) 慶應義塾大学体育研究所准教授。1967年生まれ。東京学芸大学教育学研究科修士課程修了。専門は、体育学。著作に『自閉症と豊かな暮らし――キャンプロイヤルから学ぶ』(晃洋書房、2014年、共著) などがある。

1．イントロダクション――冒険と冒険的スポーツ

こんにちは。体育研究所の野口和行です。

慶應義塾大学体育研究所は、基本的には学部から独立して、健康とスポーツに関する研究と教育を目的としたユニークな組織ですが、同時に塾生と教職員を対象としたスポーツイベントやスポーツについてのシンポジウムやスポーツの振興を目的にした活動もおこなっています。私はふだん、日吉キャンパスで、バレーボールやニュースポーツ、フライングディスクなどの授業をおこなっています。

専門は、野外活動やレクリエーションで、たとえば、タイヤが太く未舗装路を走るマウンテンバイクでフィールドを走ったり、4,000メートルぐらいの山に登ったり、アメリカの雪山を1週間ほどかけてスキーを使いながら遠征したり、200メートルぐらいの高さをお互いの安全を確保しながらロープで登るロッククライミングなどを中心にやっています。実際に授業でも、山のなかの「沢」と言われる川をさかのぼるシャワークライミングや、湖でのカヌーやカヤックを体験したり、また、SFC (湘南藤沢キャンパス) にも出講して、ロープを使って木登りをおこなって

います。つまり、本を読んだり、動画を見たりするのではなく、実際になにかをしてみる、体験してみることから、さまざまなことを学んでいます。そこで今回のタイトルも「〈食べる〉を〈体験する〉」として、お話しします。

　私の専門分野である野外活動やレクリエーションでは、「冒険」という言葉がひとつのキーワードとなっています。この冒険という漢字は「険しき」を「冒す」という意味で、あえて危険や困難のともなう状況に挑むという意味です。

　おそらく人類の歴史は、いわゆる冒険の連続だったのでしょう。ナマコを最初に食べた人はすごい人だという話がありますが、それもひとつの冒険かもしれません。あるいは、西欧の人たちが大航海時代に西へ西へと航海していき、結果的にアメリカ大陸を発見したことも、冒険という行為がなければ、おこりえなかったでしょう。

　この「険しき」を「冒す」冒険には、4つの要素があります。

　まず、その行為自体にかならず危険があります。船に乗って航海すれば、途中で嵐に遭って船が沈没するかもしれないし、食糧が途中でなくなってしまうかもしれません。そういった危険がかならず内在している。第二に、結果がどうなるかはわかりません。第三に、しかし目的達成のために自分の力を尽くします。そして第四に、その冒険は自らの意志でおこなうということです。冒険にはこれら4つの要素があるといわれています。

　ここで危険という言葉を見てみましょう。危険というのはよく「リスク」という言葉で言われます。英語のリスクとはいわゆる身体的、心理的、物質的、社会的損害を起こしうる可能性を意味しますが、日本語のリスクは「危険」という言葉のみに置き換えられます。日本語の「危険」という言葉にたいしては、英語ではdangerやcrisis、perilなどいろいろな言い方が対応します。たとえばdangerの場合には、この道路

はがけ崩れがあったので、いまにも落石があるかもしれないといった実質的な危険を指していいますが、リスクの場合にはそういうことだけではなく、「ひょっとすると危険かもしれないことが存在する」ととらえてもらっていいと思います。

それを踏まえて、では冒険とはなにか。冒険とは「危険（リスク）を認知した上で、結果は約束されていないが、自分の力で困難を乗り越えることで広がるかもしれない可能性を求めて、自らの意思で立ち向かうこと」と定義されます。そして、これは強制される状況で危険に向かわされることや、運試し、スリルのみを追求する活動とは異なっています。

コロンブスは、ヨーロッパを西へ西へと進んでいけば、地球を１周できるかもしれない、香辛料がたくさんあるインドに従来よりも早くたどり着けるかもしれないと思っていました。その航海がうまくいくかどうかはわからないけれど、自らの意思で出かけていった。その結果、ヨーロッパから直接西に向かう大西洋航路を発見しました。人類の歴史は、こうした冒険を有史以来続けてきたのです。そして、それは現代社会でも同じだろうと思います。

自然のなかに行くこと自体に本質的に冒険的な要素が含まれています。いま、私たちは暑さも寒さも雨も風も感じない室内にいます。しかし一歩外に出ると、自然環境から影響を受けます。今日は晴れて暖かいですが、雨が降ったり、風が吹いたり、雪が降れば、私たちはさまざまな影響を受けます。冒険的スポーツとは、こうした自然に内在するリスクと向きあいながら、それを克服することで、自分にとっての価値を見つけるスポーツだと思っていただければいいと思います。

たとえば、日帰りハイキング、森林山岳地帯へのトレッキング、北アルプスの3,000メートル級の山へのトレッキングといろいろあります。あるいはロッククライミングで険しい壁を登ったり、高さ200から300メートルの、さらに垂直な壁を登っていったりもします。雪上では、そり

遊びからゲレンデスキー、スキー場ではないところを登って滑るバック・カントリー・スキー、氷の滝を特殊な道具を使って登るアイスクライミングといった冒険的なスポーツがあります。

このように自然環境におうじてリスクが高まっていく。と同時に、それをおこなうためには、より特殊な知識や技術、装備、経験が必要になります。

自然のなかでおこなう冒険的スポーツの具体的な例として、ウィルダネス・トラベル（Wilderness Travel）をとりあげましょう。ウィルダネス（Wilderness）とは、アメリカの特殊な概念で、荒地や荒野、原生自然と訳されたりすることがありますが、見わたすかぎり人や人工物が存在せず、太古からの自然がそのままに残っているような場所です。そういった原生自然のなかを、動力や動物に頼らずに人力で、環境に適応する道具のみを使って移動することを、ウィルダネス・トラベルと呼ぶことがあります。現在では携帯電話などさまざまな便利な道具ができてきたため、ウィルダネスの状況でもなにかしらのレスキューを受けられる可能性もありますが、通信手段や移動手段が整っていなかった時代には、生きて帰ってくるまですべて自分の責任でおこなわれるものが大前提とされていました。

アメリカでは、こうしたウィルダネスを旅する活動を教育の一環としておこなう団体がいくつか存在しています。そのひとつがアウトワード・バウンド・スクール（Outward Bound School）で、1941年にイギリスで設立された機関です。ロッククライミングや沢登り、登山遠征などさまざまな冒険活動を通して自己の成長を求めるのが、この冒険教育機関OBSの目的です。

私は、2009年にコロラドのロッキーでおこなわれた、25歳以上の8人グループで7日間バックパッキングをおこなうOBSウィルダネス・トラベルに参加してきました。まず地図とコンパスの使い方についてレク

チャーを受け、食糧を含めた7日間の荷物を1つのバックパックに詰め込んで歩いていきます。日本の場合は雨が多いのでテントが必要ですが、この季節のコロラドではほとんど雨が降らないので、タープで屋根を張った下にスリーピングバッグを敷くだけですみます。夜にはたき火もしました。夏だったのですが、夜は零下になるので、朝起きると霜が降りていました。

川には橋はかかっていませんので、3人1組になって流されないようにしながら、自分たちの力で渡ります。なおも歩いていくと、だんだんと山が険しくなってきました。朝早い時間帯は、山の天候はわりと安定しているのですが、午後には不安定になるので、朝3時ぐらいから行動を始めます。4,000メートルの山頂までたどり着き、きれいな湖のある場所まで下りていきました。そうやって7日間移動していったのです。

一方、ソロ（SOLO）というプログラムもあります。これは、夕方の3時ぐらいから次の日の10時ぐらいまで1人でウィルダネスのなかで過ごすプログラムです。

もう1つ、ウィルダネス・トラベルの紹介をしましょう。OBSと同じように教育的な利用での活動を展開しているノルズ（NOLS）という団体の冬のプログラムに参加したことがあります。2011年にアイダホでおこなわれた12日間のバックカントリーのスキープログラムで、そのうちの9日間が雪山でした。

寒いので、夏よりさらに装備が増えます。夜になると、気温がマイナス20度を下回るなかで快適に寝るためにはどうしたらいいかというレクチャーも受けます。荷物がたくさんあるので、自分でそりを引いて出発しました。1日目は、山の中腹に建てられているモンゴルのゲルで1泊しました。なかには炊事用具やストーブもあり、ここは快適に過ごすことができました。

雪のなかの活動では雪崩に遭う可能性もあるため、雪崩に万が一遭っ

図1　スノーケイブづくりとそのなかでの生活

てしまったときのレスキュー方法のレクチャーも受けます。雪に埋まってしまった場合、それぞれが身につけているビーコンが発信する電波を受信することで、雪崩に埋まっている人を同定し掘り出す訓練をします。また、シャベル・コンプレッション・テスト（80cm程度の深さのピットを掘って、スコップの長方形サイズの柱を切り出し、その雪柱にシャベルの背面をあてて叩くことで雪質の安定度を判断する方法）を使って雪崩の起こりやすさをテストしたりします。

　さらに、雪山で生活するためのベースキャンプを設営しました。雪山ではテントをたてるよりも、雪洞（スノーケイブ）と言われる雪の穴を掘って、そのなかで生活するほうが暖かいため、スノーケイブで7日間過ごしました（図1）。

　登っては滑り、また登っては滑るという生活を送りました。登って滑ると、スキーのきれいな跡が斜面に残ります。そのスキー跡が残るのがスキーのいいところだなと思います。そんな9日間のツアーを終えて無事に帰ってきました。

2．「生き延びる」ために「食べる」

やっと本題に入ります。

自然のなかで「食べる」を「体験する」ことについて、3つの視点から考えていこうと思います。
　まず1点目は、まさに「生き延びる」ために「食べる」ことです。ウィルダネス・トラベルの場合には、行動中の自分の荷物と食糧、そして食事を調理するための燃料をすべて自分でもちます。ここでは生き延びるために必要最低限の食糧と燃料を持っていくことが求められます。
　では、わたしたちが生きていくために、何をどれぐらい食べなければいけないか考えてみましょう。

● 1日の摂取カロリー

　1日の摂取カロリーは推定エネルギー必要量（estimated energy requirement: EER）とも言われ、基礎代謝量×身体活動レベルという式で求めることができます。
　基礎代謝とは、人間が生きていく上で最低限必要な代謝量です。私たちはただ寝ているだけでも、呼吸をし、自分で熱を生み出すためにエネルギーを消費しています。基礎代謝量基準値といわれているものに基準の体重をかけることで求められます。身体活動レベルは、1日当たりの総エネルギー量を1日当たりの基礎代謝量で割った指標で、厚生労働省で出している日本人の食事摂取基準表で求められます（図2）。
　私の場合は、1日当たりの基礎代謝量は1,530キロカロリーです。20歳前後のみなさんの場合なら、男性1,510キロカロリー、女性1,280キロカロリーとなっています。基礎代謝は筋肉の量によってある程度決定されるので、女性の場合は男性よりも少なくなっています。
　身体活動のレベルは、ふだんどのような生活を送っているかによって決まってきます。レベル1の生活は、ほとんど座位で静的な活動が中心の場合です。レベル2は、座位中心の仕事だが、職場内での移動や立位での作業・接客など、あるいは通勤・買物・家事、軽いスポーツなど、いずれかを含む場合です。レベル3は活発な運動習慣をもっているよう

性　別	男　性			女　性		
年　齢	基礎代謝 基準値 (kcal/kg体重/日)	基準体重 (kg)	基礎 代謝量 (kcal/日)	基礎代謝 基準値 (kcal/kg体重/日)	基準体重 (kg)	基礎 代謝量 (kcal/日)
1〜2（歳）	61.0	11.7	710	59.7	11.0	660
3〜5（歳）	54.8	16.2	890	52.2	16.2	850
6〜7（歳）	44.3	22.0	980	41.9	22.0	920
8〜9（歳）	40.8	27.5	1,120	38.3	27.2	1,040
10〜11（歳）	37.4	35.5	1,330	34.8	34.5	1,200
12〜14（歳）	31.0	48.0	1,490	29.6	46.0	1,360
15〜17（歳）	27.0	58.4	1,580	25.3	50.6	1,280
18〜29（歳）	24.0	63.0	1,510	22.1	50.6	1,120
30〜49（歳）	22.3	68.5	1,530	21.7	53.0	1,150
50〜69（歳）	21.5	65.0	1,400	20.7	53.6	1,110
70以上（歳）	21.5	59.7	1,280	20.7	49.0	1,010

図2　基礎代謝量　厚生労働省「日本人の食事摂取基準」2010年版

な場合です。

　今回はみなさん全員がウィルダネス・トラベルに参加すると仮定して、レベル3として計算をしていきましょう。そして、年齢階級別に見た身体活動レベルの群分けを見ます。これは男女共通になっていて、今日みなさんはレベル3として換算しますので、2.00です。私の場合も同じ数値です（図3）。

　その上で、推定エネルギー量を計算してみましょう。基礎代謝量×身体活動レベルという式ですから、私の場合は1,530キロカロリー×身体活動レベルの2.00なので、1日当たり必要なエネルギー量は3,060キロカロリーとなります。みなさんのうち、男性の場合は1,510×2.00で3,020キロカロリーです。女性の場合は1,120キロカロリーに身体活動レベルの2.00をかけて2,240キロカロリーとなります。これが厚生労働省の出す基準で推定される必要なエネルギー量です。

身体活動レベル	レベルⅠ（低い）	レベルⅡ（ふつう）	レベルⅢ（高い）
1～2（歳）	―	1.35	―
3～5（歳）	―	1.45	―
6～7（歳）	1.35	1.55	1.75
8～9（歳）	1.40	1.60	1.80
10～11（歳）	1.45	1.65	1.85
12～14（歳）	1.45	1.65	1.85
15～17（歳）	1.55	1.75	1.95
18～29（歳）	1.50	1.75	2.00
30～49（歳）	1.50	1.75	2.00
50～69（歳）	1.50	1.75	2.00
70以上（歳）	1.45	1.70	1.95

図3　年齢階級別にみた身体活動レベルの群分け（男女共通）
厚生労働省「日本人の食事摂取基準」2010年版

　たとえば9日間のウィルダネス・トラベルに参加する際には、この必要エネルギー量を満たす食糧をすべてもつことになります。余分にもって行けばいいというのではありません。私は人よりいっぱい食べるので、チョコ菓子を1個余計に持っていこう、というわけにもいきません。その分、荷物が増えて、自分の体に負担がかかっていくのですから、カロリーを計算しながら、もっていく食べ物を決めるのです。

　ただし、環境が変わると、このエネルギー量は変わってきます。先ほどの夏のコロラドロッキーでのバックパッキングなら、1日およそ2,500から3,200キロカロリーが必要となります。これは先ほどの計算式とかなり似ている値です。

　しかし、雪山ツアーのような冬のバックパッキングの場合には、さらに多くのエネルギーが必要となります。非常に寒い環境のなかで人間がどうやって体温を維持していくかというと、食べるか、動くしかありません。食べればそこでエネルギーが生まれます。動けばエネルギーが生

まれます。でも動くと、その分エネルギーが減りますから、よりカロリーを摂取しなければならないのです。ですから、冬のほうが夏よりも必要とされるエネルギーが増えます。

　もっと厳冬期の激しい活動、たとえば極地探検などになると、人間が生きていくためには6,000キロカロリー近くのカロリーが必要だといわれています。

●バックカントリー必須栄養素のピラミッド（The Backcountry Nutrition Pinnacles）

　そうした環境のなかでどのような栄養分を取っていかなければならないか。先ほど冬のバックカントリーのツアーで出てきたNOLSという団体が決めている必要栄養素があります。ピラミッド状（図4）になっています。一番根底の大事な部分は水です。その上に穀類やイモ類とい

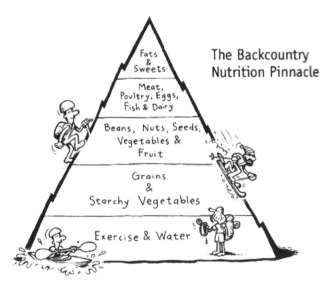

図4　NOLS、NOLS Cookery

った炭水化物、さらにその上に豆類やナッツ、肉や卵、魚があり、最後に脂肪分とスイーツとなっています。下に行けば行くほど量が必要になります。

　一つひとつ細かく見ていきましょう。
・水。人は1日当たり最低限2リットルの水を必要とするといわれています。そのほかに食事のなかから、あるいはお茶などで取る水分も含めると、私がツアーで聞いたところによると1日当たりだいたい1ガロン（3.6リットル）くらい必要とのことです。まず水が一番大事です。
・穀類、いも類といった炭水化物。運動する際に必要なエネルギーはほとんどグリコーゲンになります。グリコーゲンはいわゆる炭水化物のなかに入っていますから、炭水化物を取ることが重要です。これはパスタやライス、パン、小麦粉、ポテト、ポップコーン、スナック類などから取ります。
・豆類、ナッツ、野菜、フルーツは、炭水化物だけでなく、食物繊維やビタミン、ミネラルなども含まれています。
・肉、魚、卵、乳製品。これらが含むタンパク質やカルシウムが必要となってきます。ただ9日間、12日間という期間になると、こうした生鮮食料品をたもつことは難しくなってくるので、チーズやミルク、缶詰などを利用します。
・脂肪分とスイーツ（砂糖）。これはそれほど必要ありません。ただ甘いものには人の心をほっとさせる効果がありますので、少しもっていくことは重要になってきます。

　では、実際に私がウィルダネス・トラベルに行ったとき、どのように食べてきたかを紹介していきます。

　2番目の穀類やいも類では、小麦粉や、トウモロコシの粉を細かく砕いたペルーのクスクスなども主食の1つとして食べました。そうした穀

類をそれぞれ1食何グラムと、グラム数で数えて、小分けにしてもっていきます。

　3番目のナッツ類やフルーツ類では、新鮮なフルーツではなく、ドライフルーツをもっていきます。クッキー類などもまとめて7日間のなかで何をどうやって食べていくか、必要なカロリーを取るために分けていきます。大豆を煮てお昼ご飯にもしました。トルティーヤの上に分厚く切ったサラミとチーズという、日本人からするととても味気ない食事ですが、これで必要なカロリーを摂取できます。

　ソロのときに配られたものは、夕食と朝食と昼食を合わせて、ナッツと小麦粉のビスケットとスポーツドリンクだけでした。逆に言うと、これだけで人間はとりあえず生きていけます。

　冬はもっとシビアになります。冬の場合には、体を温めるためにお湯を飲むので、お湯をつくるための燃料をもっていかなければなりません。ガソリンにも重さがありますから、9日間もたせるために、燃料と食糧をシビアにグラム単位で量ります。

　乾燥したマッシュポテトを温めたり、ベーコンとチーズを温めたり、トルティーヤにサラダとチーズを載せてオムレツみたいにしたりして食べました。日本人からすると、おいしいかどうかは疑問ですが、自分が生きていくために必要なエネルギーとして摂取をするつもりで食べていました。

　こうした自然のなかでの食事は、生き延びていくカロリーを摂取するという意味で大事ですが、野外での食のなかでは、「共」に「食べる」という体験も重要な位置を占めていると思います。

3．「共」に「食べる」

　キャンプの食事というと、何を思い浮かべますか。大半の人がカレーやバーベキューと答えると思います。では、なぜみんなでつくって食べ

る食事がカレーやバーベキューなのかということから、「共」に「食べる」ことについて考えていきます。

　日本のカレーライスは、インドの香辛料を使った調理法がイギリスに渡り、それがさらにイギリス料理として日本に渡ってきたのが、そもそものはじめとされています。カレーという言葉をはじめて紹介したのは福澤諭吉先生だそうです。1861年に『華英通語』という辞書を翻訳出版したときに、このカレーを「コルリ」と表記したのです。

　もともとはインド料理なのですが、日本人にとってカレーはラーメンと並んで国民食のようになっています。とくにラーメンについては、家で食べるものではなく、外に食べに行くイメージがありませんか。でもカレーは家庭の味です。チェーンのカレー店やインド料理屋もありますが、「おふくろが作ってくれたカレーが一番だよね」というように家庭でつくられているイメージがあるし、実際にお母さんとはじめて一緒に作った料理がカレーという人も少なくないでしょう。

●なぜキャンプでカレーを作るのか

　ではなぜキャンプでカレーをつくるのか。

　このキャンプという言葉は、ラテン語で「平らな」ことを示す言葉で、平らなところに砦を築き、兵士を集めて訓練をしたところをキャンプと呼んだと考えられています。神奈川県にある米軍の基地に「キャンプ座間」がありますが、この「キャンプ」もこのような意味から来ています。共に生活をしながら兵を訓練する場所が転じて、仲間と共同生活をするという意味を含むようになったそうです。

　以前は、キャンプというと、飯盒（はんごう）というソラマメ型の炊具を使ってご飯を炊いて、カレーライスを食べることが多かったのですが、この飯盒もじつは昔の日本軍で炊事用具として使われたものです。なぜソラマメの形をしているかというと、米を炊いて、そのまま腰につけて移動しやすいように、とのことです。

横浜海軍カレーが最近有名になってきましたが、カレーが日本に広まるようなきっかけになったのは軍隊です。昔は戦争が長引くと、生鮮食料品をとれなくなりました。その結果、ビタミン不足になって、日本の兵隊の多くが脚気という病気になりました。そこで気軽に野菜を取るための方法として考えられたのがカレーだったのです。海軍だけではなく陸軍でもカレーが食事としてふるまわれるようになりました。そうしたもろもろのことから類推すると、おそらくカレーの普及には軍隊の影響が強くあると思われます。

●キャンプの食＝バーベキュー

　バーベキューのルーツは、16世紀の大航海時代、スペイン人がアメリカ大陸を移動していったときにカリブ海西インド諸島のタイノ族の調理法を見たことにあると言われています。タイノ族は独特な工夫をした木の枠の上で、焦がしすぎずに肉を焼いて食べていました。その木の枠をスペイン人が植民地に持ちかえりました。この木枠は「神聖な櫓」を意味する「バブラコット」と呼ばれており、それが丸焼きを意味するスペイン語のバルバコア（barbacoa）という言葉に転化されて、やがて「バーベキュー」となったといわれています。もともとはそうした調理法として広まったのですが、17世紀までにはだんだんと社交行事へと変わっていきます。さらにアメリカ各地に広がり、さまざまな独自のスタイルが生まれてきたといわれています。

●日本人の食をめぐる状況

　ここで、いったん、いまの日本人の食の状況を見てみましょう。

　最近、著しい過食や偏食のような崩食、食事の栄養バランスを省みずに好きなものを好きなように食べる放食、一人ひとりで食事を取る個食というような状況が生まれています。こうした状況を踏まえて2005年7月にできた食育基本法では食に関する教育をしていくことがうたわれています。「食育」という言葉はもともと明治時代に生まれた言葉です。

明治時代の小説家が、報知新聞上に掲載した小説『食道楽』のなかで使われて、そこから広まったと言われています。一時期廃れていましたが、ふたたび、もちいられるようになってきています。

現在「食育」という言葉が使われるときは、栄養バランスや安全な食生活に焦点があたっています。しかし、じつは食事の機能はそれだけではありません。

● 「共食」という概念

それが共食、共に食べるという概念です。わたしたちはいまでこそ、お金があれば食べるものには困りません。いつでも気軽に食べるものが手に入る時代です。しかし、人類の歴史を遡ってみると、ほとんどの時代は、生きていくためにどうやって食料を獲得するかに重きが置かれた時代です。わたしたち人間は動物としてはそれほど身体能力が高くありません。ヒョウやシカのように速く走って食料となる動物を捕まえることができません。猿のように木にも登れません。

そうした人間は、昔は木の実や果実などを採取したり、魚を捕ったり、動物を捕まえて食べ物を獲得していましたが、ひとりでは食料を獲得することはできなかったため、分業制をとったのです。

生きていくためには食料の獲得以外のこともしなければなりません。全員が食事の獲得だけに携わることはできませんから、獲得した食料はもちかえって、自分の家族や自分が属する集団で分けあって、みんなで食べる習慣が生まれました。さらに農業や牧畜がおこなわれるようになると、食糧の余剰が少し出てきます。それが人間の文化を発展させていく基礎になったといわれていますが、このように、人間にとって食べものをいかに獲得するかはとても大きなテーマだったのです。

よく「同じ釜の飯を食う」と言いますね。家族同士が「同じ釜の飯を食う」とは言いません。同じ釜の飯を食うということは、家族以外の他人同士の親密さの表現なのです。これと似ているのは、ちょっと好意を

抱いている人がいてその人を「いっしょにご飯でも食べませんか」と誘う場合です。これは親密さを増したり確認したりするためには重要なことです。気になる人がいたときに、いっしょに食事を取ることでその距離感をつかむ。一緒になにかを食べることが親密さをしめすことになっていったのです。それは恋愛感情だけでなく、仲間でも同じです。

　同じ場所で、同じようなものを、同じタイミングで食べることが大事です。同じ場所で同じものを食べても、その時間がずれていたら、あまり意味がありません。同じタイミングで食べることで一体感を覚えるということが重要な要素です。

●みんなで料理を作り分かちあう体験

　ではなぜカレーなのか、という話に戻ります。それは、豚肉や牛肉、ニンジン、タマネギ、ジャガイモというカレーに使う食材はどれも調達しやすいし、カレー粉やカレールーだけで味づけできるので失敗が少なく、日本人にとってなじみやすく、カレーを嫌いな人が少なかったからだと言われています。さらに材料も調理の行程もたくさんあって、切ったり煮たり、グループで調理にかかわることができることも要因だといわれています。

　一方、なぜ野外でバーベキューなのでしょう。

　じつは日本には日本バーベキュー協会があり、バーベキュー検定を実施しているそうです。初級検定、上級検定、スペシャリストと分かれていて、レベルが上がればあがるほど、バーベキューの知識や、肉を焼くという調理法などだけでなく、バーベキューを通じてのコミュニケーションスキルも必要とされるようです。つまり、バーベキューをする人がその料理のサーブを通じて、人と人をつなげていく。バーベキューは、いわばコミュニケーションツールだということです。みなさんも、サークルでの新人歓迎会などでバーベキューをやったことがあるかもしれません。同じ場所で同じような作業をすることで、サークルのメンバーの

なかでよりスムーズなコミュニケーションが取れるようになるからこそ、バーベキューがおこなわれるのかもしれません。

みなさんは得意か苦手かにかわらず、料理をしますか。私の「アウトドア」という授業では、まさにカレーライスを作ってもらいます。いまの学生さんはあまり調理の経験がなかったり、苦手な人が多かったりするようで、野菜を切ったり、炒めたりもせず、そのまま鍋に入れて、水を入れてしまう人もいます。

１グループは７人から８人で、野菜を切ったり、炒めたり、水を入れたり、さまざまな工程で料理をしていきます。知らない人同士でも同じ作業をすることで、ちょっとしたきっかけからコミュニケーションが生まれることがあります。そうしておいしいカレーをつくっていきます。

「アウトドア」の授業では、最後の夜に自分たちでメニューを考えて、その料理を実際につくって、みんなに提供する立食形式のパーティーをします。学生たちはメニューを一生懸命に考えます。自分たちでつくった食事をみんなに提供する体験は、先ほどの共食という概念からしても、お互いの交流をはかれるとてもよい機会です。とはいっても、学生たちにはあまり経験がないので、食材の何をどれくらい用意したらいいかわからないことも多いです。適宜相談をしながら、４日目に一生懸命に料理をします。料理は味だけではなく見栄えも大事ですから、きれいに飾り付けをして、みんなで食べます。

みなさん、ふだんから家族や友だちなどといっしょにご飯を食べていますか。そういった機会は現代社会ではなかなか難しいこともありますが、ただ生き延びるために食べるのではなく、同じものを同じ場所でいっしょに食べることは、いっしょに食べている人を理解するための大事なツールでもあるのです。

私は、発達障害の子どもたちを対象としたキャンプのなかで、みんなでうどんをつくって食べる体験をしてもらうプログラムを行っています。

彼らは発達の特性から、人とうまくコミュニケーションがとれなかったり、決まったルーティンしかできなかったり、さまざまな個性をもっています。たとえば、ある子どもは、キャンプ1日目には、みんなと一緒に過ごすことができず、ずっとキャンプサイトの周りを歩いていました。でも、食事をいっしょにつくって食べるという経験を通して、2日目の夜にはほかの子たちと一緒にいられるようになりました。同じ作業をしてご飯を食べるという経験は、コミュニケーションが苦手な子たちにとてもいい影響を与えると思います。

4．「命」を「食べる」

●鶏をしめて食べるという体験は必要か

　最後の体験は「命」を「食べる」をめぐってです。

　国立青少年教育振興機構が「青少年の体験活動等に対する実態調査」をおこないました。青少年がさまざまな体験をどの程度おこなっているかを調べたのです。項目に含まれている体験として、海や川で泳いだこと、チョウやバッタなどの昆虫を捕まえたこと、魚を釣ったことなどについて体験する機会が少なくなっているという調査報告が出ています（図5）。

　そうしたなかで、一時期、鶏をしめて食べる体験を提供する団体が出てきました。わたしたちが食べているものはすべて生きているものだから、そうした体験は必要だという人もいれば、はたしてそこまでの体験をする必要があるのかという人もいて、両者のあいだで論争がおこりました。

●シカを解体して食べる

　私自身、長野県北安曇郡小谷村での「鹿の解体と革なめし　暮らす道具」という1泊2日のワークショップを体験してきました。主催者は「くらして」という団体で、2015年の1月、2月に合計2回ありました。

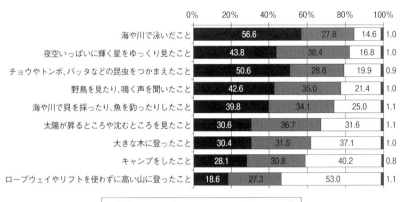

図5　自然体験の実態
（国立青少年教育振興機構「青少年の体験活動等に対する実態調査」平成24年調査）

　解体したのは狩猟してきたシカです。実際にシカを狩猟してから２週間ほどたっているので、内臓の処理などはすでに主催者がすべてやってくれていますが、ナイフを使って皮をはいでいき、シカという動物を肉と皮というモノにしていく作業をおこないます。このときは地元の子どももいました。ひとりが皮を引っ張って押さえて、もうひとりがナイフを少しずつ入れていって、皮をはいでいきます。切りわけた肉を部位ごとに分けて、最後に焼き肉にして食べました。

　翌日には、はいだ皮を使って道具を作りました。この皮には脂がたくさんついており、その脂を竹べらではぎ取る作業をしていきました。この日のお昼はシカ肉のシチューでした。

　そのシカは、長野県にどれほどの数生息しているのでしょうか。長野県の鳥獣対策・ジビエ振興室が出している統計によると、2010年度の長野県には約10万5,000頭のニホンジカが生息しており、長野県が目指しているニホンジカの適正頭数の10倍もいます。最近、シカが高山植物を食べてしまったり、畑の作物を食べてしまったり、植林しているものを

食べてしまうような、シカの被害がたくさん出ています。長野県のニホンジカによる被害額は年間4億4,000万円といわれています。そうしたことから、現在、シカを捕獲しています。捕獲頭数は2013年では3万9,663頭と4万頭近くになっており、過去最高です。

しかし、最近ではシカを捕るハンターも高齢化が進んでいるという現実があります。そこでハンターを養成したり、捕獲体制を強化する試みがなされています。それと同時に、駆除したシカを流通させるためにジビエとして売り出しています。

このジビエという言葉を聞いたことはありますか。ジビエとは、シカやイノシシ、カモといった、狩猟の対象となり、食用とする野生鳥獣やその肉のことを言います。厚生労働省では、こうした狩猟から消費までの各工程における安全確保のための取り組みについて、野生鳥獣の衛生管理に関する検討会をおこない、この結果をふまえてジビエの肉を安全に流通させるためのガイドラインをつくっています。

長野のシカ肉を流通させるためには、衛生上の問題などのさまざまな条件をクリアしなければならず、苦労は大きいとのことのです。しかし、ジビエとして都内のレストランでシカ肉が出されたり、地域の自由農場のような場所で売られたりするようになってきています。

●体験して

私が体験してどう思ったかをお伝えします。

じつは私は妻と2人で参加していました。シカの解体作業は、もっと自分にとってインパクトがあるのかと思っていたのですが、とにかくきれいにシカの皮をはいで肉にしよう、このシカを上手に食べるようにしようという意識のほうが強くありました。

その日の夕食で、そのシカの肉を焼き肉にして食べました。ところが食べている途中で妻がいなくなってしまいました。戻ってきた彼女に聞いてみると、シカを解体している最中はとくに何も異常を感じなかった

し、シカの肉を焼き肉として食べているときにもとくに変化をかんじなかったそうです。しかし、突然、自分の体のなかにシカ肉を入れられなくなり、いままで食べたものをすべてもどしてしまったのです。その後３、４日、彼女は食べ物をなかなか食べられませんでした。

　人は殺生なしでは生きていけないとよくいいます。肉も魚も野菜もすべて、わたしたちは有機物、つまり命あるものを食べなければ生きていけません。

　しかし実際に体験してみると、私のように考える人も、妻のように体が拒否反応を示してしまった人もいます。彼女自身は二度とこの体験をしたくないと言っているわけではありませんが、頭で考えているよりも体が反応したと言っていました。私たちは自分が生き物を食べているという実感を持たなくても、食べることができる環境のなかにいます。しかし、私たちが食べるものはすべて命であり、そのなかでは命を奪う過程がかならずあることを知ることはとても大事だと思います。

　ただ、かならずしも全員が解体の体験をしなければならないとは考えません。たとえば、マグロの解体ショーとシカの解体になにか違いがあるでしょうか。でもシカの解体にはわたしたちにとってインパクトがある。少なくとも私と妻にはありました。そこにはおそらく積み重ねられてきた文化がある。日本では文化としてずっと魚を食べてきましたから、魚の解体を見ても、それほど抵抗がないのでしょう。たとえば海に潜っていて、アジの群れを見つけたら、私たちは「あ、うまそうだな」と思います。フランスの子どもたちは、飛び跳ねているウサギを見ると、「おいしそう」と言ったりするそうです。それはどちらが残酷か残酷でないかという問題ではなく、食べる文化が背景としてあるのではないかと思います。そうした命を食べている状況を知ることは大事なことなのではないでしょうか。

5.「体験する」とは

　今日の講義タイトルにあるように、最後に、体験するとはどういうことなのか考えて講義をとじたいと思います。

　日本語には「体験」と「経験」という2つの同じような意味をもつ言葉がありますが、英語では「experience」という言葉でまとめられます。ドイツ語には「体験」(Erlebnis) と「経験」(Erfahrung) の2つの単語があります。その場合、「体験」とはより直接的なもので、生々しさや感情をともなうものといったニュアンスがあります。

　それに対して「経験」とは、同じモノやコトを「体験」することでなんらかの知識につながることと定義されています。特定の体験で学んださまざまなことを、日常でも発揮できるようにどう応用していくか。たとえば、山に登る体験や、雪山に入る体験、自然のなかでともに料理を作る体験などを通して、自分が何を考えたかということを内省し、それを抽象的に概念化し、さらに新たな状況で実践していく。こうしたプロセスを踏んでいくことで、人は学んでいくのです。

　これは、みなさんもおそらく実感としてあると思います。いちど、なにかを体験すると、「あの点はよかった」「ここはだめだったから、次はこうしよう」と次に活かすことができるでしょう。先ほどのドイツ語の「体験」と「経験」の概念で言うと、「体験」をさらに抽象化して「経験」につなげていくことと言い換えられるかもしれません。

　「体験」を日常的にどう応用していくか。これはトランスファー（転移）と言われることもあり、3つの種類があると言われています。

○特性的転移　たとえばバックパッキングのプログラムで、自分の安全を守るためにどうしたらいいかを学んだとします。夏山のシチュエーションで習ったとしても、その知識は、冬山という別の環境にも応用させることができます。

○一般的転移　これは一般的な原理や行為を、異なった状況で用いるこ

とです。たとえば、自然のなかでほかの人たちと協力してなにかをなしとげられたとします。帰ってきて、たとえばほかの授業のなかでも、そうした協力する経験が大事かもしれないと思います。これは、山という場所から教室という場所に移して体験を応用するという意味で、一般的な転移と言えます。

○比喩的転移　たとえば7日間山を登る体験をしたとしましょう。この一生懸命に乗り越えた経験を、たとえば職場で自分の営業ノルマを頑張って「乗り越える」というように、比喩的な表現を通じて転移させることです。

　いずれにしても大切なことは、体験したことをどのように日常生活に応用していくかです。体験学習のモデルとしては、具体的な体験から内省的な観察へ、さらに抽象的な概念化へ、そして新たな状況下での実践へ、そしてまた具体的な体験と繰り返していくことです。

　みなさん自身が「食べる」ことについて何をどう体験し、その体験から何を学ぶか。ぜひ自身の体で、五感で体験していただきたいと願っています。

発酵食品の神秘

小泉武夫

（こいずみ　たけお）東京農業大学名誉教授。1943年生まれ。東京農業大学農学部醸造学科卒業。農学博士。専門は、発酵学、醸造学。著作に『発酵食品礼賛』（文春新書、1999年）、『醬油・味噌・酢はすごい』（中公新書、2016年）など単著139冊。

みなさん、こんにちは。小泉武夫です。
　私は発酵学や食文化の分野を専門としています。今回は「食べる」ことだけでなく、「生命」も大きなテーマとなっています。そこで今日は、目にも見えない命を持つ微生物が大きな力を持っているというお話をします。

1．われわれの生活に身近な発酵食品
　発酵したものを食べると、ちょっとくさいですね。腐っているのかと冗談っぽく言われることがありますが、発酵と腐敗は天国と地獄ぐらい違うのです。どうして天国と地獄ほどにも違うのかというと、そこにいる、目に見えない小さな生き物たちの仕業がどういうものかによって大きく異なるからです。腐敗したものを食べると、食中毒になって、大変なことになってしまう。これは腐敗菌と総称される微生物のせいです。また、いろいろな病気を発症させるウイルスや赤痢菌、病原性大腸菌、結核菌といったとても性の悪い菌がいて、こういうものは病原菌といいます。

つまり、人間のご都合主義的に考えると、微生物は大きく２つのグループに分けて考えられます。そのうちのひとつが腐敗菌や病原菌である悪玉菌、もうひとつは発酵菌を中心とした善玉菌です。今日お話しするのは、人間のためにとてもいいことをしてくれる善玉菌です。
　善玉菌のつくった食品というと、どんなものを思い出しますか。
　もっとも身近なもので、みなさんが今朝食べてきたもののなかにもたくさんあります。じつはわれわれの食生活は発酵食品がないと成り立ちません。
　たとえば、「和食」がユネスコの世界無形文化遺産になりました。私は和食を登録するときの日本国内の委員でした。2013年12月に、三年かかって無事に世界遺産に登録することができましたが、その和食の中心は何かというと「一汁三菜」です。「一汁三菜」のなかには発酵食品が２つあります。発酵食品が入っていないと、和食は成立しないのです。まず「一汁」の汁は味噌汁ですが、味噌は、大豆が乳酸菌や麹菌によって発酵した発酵食品です。それから「三菜」というのは、三つのおかずという意味です。３つのおかずのうちの１つは指定されていて、香の物、つまり漬物です。この漬物も発酵食品です。ですから発酵食品がないと、和食が和食として成立しません。
　では洋食はどうか。朝食がパン食だというみなさんも多いと思います。主食となるパンは、酵母で発酵したものです。もう入り口からして、発酵がないと成立しません。今朝、サラダドレッシングをかけてサラダを食べてきた人もいるかもしれません。サラダドレッシングやマヨネーズも発酵食品です。というのはお酢を使っているからで、お酢は酢酸菌で作ります。それからバターもヨーグルトも発酵食品です。
　そう考えてみると、発酵食品がないと食はなりたちません。しょうゆも発酵食品です。しょうゆがなかったら、日本人の食生活はとても味気ないものになってしまいます。とにかくわれわれの身近に発酵食品があ

ることを、まず頭のなかに入れてください。

２．人類に役立つ、しかも不思議な発酵食品

　私は大阪の千里にある国立民族学博物館で、食文化の大家である石毛直道さんをプロジェクトの長（ボス）として、５年にわたって食と酒、民族を研究してきました。また大学ではどんどん滅んでなくなってしまいつつある世界の少数民族の食べ物の調査・記録をしてきました。たとえば、カンボジアの山中の高地クメール族や、ボリビアおよびペルーのアイマラ族、カムチャッカ半島に暮らすイテリメン族などを何度も訪れ、発酵食品をはじめとしていろいろなものを見てきました。今日はそういう話をしながら、発酵食品は人類のためにこんなに役立っているということと、同時に非常に不思議な食べものでもあることをお伝えしたいと思います。

　話を始める前に、世界一珍しい発酵食品を持ってきました。イタリアのボローニャ大学で話をするときに、みんなの前で私がこれを食べたら、全員がびっくりしました。なぜでしょう。これはフグの卵巣のぬか漬けです。フグ毒の研究で学士院賞を取られた東北大学の安元健先生と私は日本農芸化学会で一緒したときの話ですが、フグの卵巣をほんの0.5グラム食べたたけで確実に人は死に至るということでした。このなかに入っている毒性物質はテトロドトキシンといい、青酸カリの18倍の猛毒です。君たちが生まれる前のことですが、先日お亡くなりになった板東三津五郎（十代目）さんの先々代の八代目板東三津五郎さんが、京都で公演をしたときに、行きつけのフグ屋でこの卵巣をほんのちょっとなめた程度で、その日のうちにお亡くなりになりました。八代目三津五郎さんは当時、現役の歌舞伎役者で人間国宝でしたので、大きな社会的問題になりました。

　ところが、このフグの卵巣のぬか漬けは売り物で、石川県の能登半島

や白山市美川町で作られています。ここにあるのは私が新幹線で金沢に行ったとき買ってきたものです。フグの卵巣には猛毒があるのに、どうして食べられるのか。一言で言うと、無毒だからです。ぬかみそのなかに入れて発酵させると、毒が消えてしまうのです。しかしすぐには消えない。3年ぐらい待たなければなりません（毒抜き発酵にはノウハウもあるので、真似してつくってはいけません）。ぬかみそに入れることで、なぜ毒が消えるのか。ぬかみそには、乳酸菌を中心とした発酵微生物がたくさんいます。ぬかみそ1グラム（シュガースプーンに山盛りぐらい）のなかに乳酸菌が日本の人口ぐらいの数ほどいます。約1億個です。それらの微生物が猛毒を分解してしまうと言われています。

『大地の微生物世界』（服部勉著、岩波新書、1987年）という本を見ると、もうとんでもない。目に見えないだけの話で、人間の体には約4兆個の微生物がついているそうです。もしも、みなさんの目が顕微鏡レベルだったら大変です。私は今朝、納豆を食べてきたので、「どうしたのですか？　先生の顔は納豆菌だらけじゃないですか」ということになってしまいます。そういう世界です。私たちには見えないから助かっているわけですね。われわれの体のなかにいたり、からだに付いていたりする菌は、じつは、われわれをほかの菌から守ってくれています。からだのなかで菌が最も多いのはどこかというと、うんちです。うんち1グラムには数億個の微生物がいるといわれています。非常に微細な世界です。

3．善玉菌の代表たち

まず微生物の形を見てみましょう。

図1は青カビです。ミカンが痛むと出てくる青いカビがそれです。このカビはペニシリンのような抗生物質をつくります。発酵という世界を人間が認識するようになってはじめて、われわれは100歳までの長寿に挑戦することができるようになったのです。それはなぜかというと、発

図1　青カビ

酵があって、この菌が抗生物質をつくってくれることで、手術ができるようになったからです。さまざまな高度な手術ができるから、長生きもできるようになってきた。抗生物質を打たないで手術をしたら、切ったところから膿んで死んでしまいます。ところが発酵によってつくられた抗生物質を注射すれば、空気中にいる肉を腐敗させる他の菌はもう来ません。これは善玉カビです。

　図2は麴カビ、麴菌です。小さなつぶが一つひとつ分裂して増えていきます。最近では、塩麴漬けなど麴が注目されていますが、それはじつはこのカビです。顕微鏡で見ると、このように見えるものが、おいしい味噌や醬油、甘酒、日本酒、焼酎など、いろいろなものをつくってくれています。

　図3はパンを発酵させる酵母です。これもかなり小さくて、8-10ミクロンぐらいです。パンを食べていても、この酵母は肉眼ではまったく見えません。この酵母がパンを発酵させて、とてもふかふかした、いいにおいをつくるのです。また、この酵母はビールやワイン、日本酒、焼

発酵食品の神秘　279

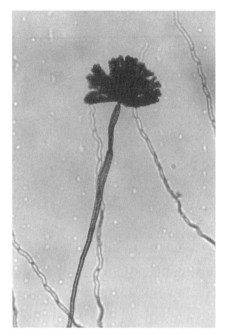

図2　麹菌

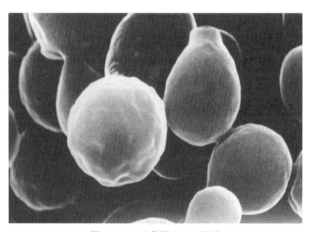

図3　パンを発酵させる酵母

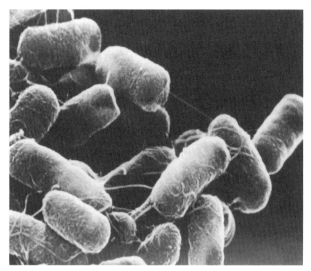

図4　納豆菌

酎などの酒類もつくります。

　図4は、納豆を作る菌、納豆菌です。煮た大豆にこの納豆菌をつけると、増殖し、菌がどんどん増えていきます。これも小さな菌なので、肉眼では見られません。5ミクロン（1ミリの5,000分の1）ぐらいなので見えるはずがありません。納豆1粒に約1,000万個ついています。納豆菌は豆になる前からすでに糸を引いています。ですから、納豆菌は、培養していてもゆらゆらします。そんなに小さい世界なのに、人間と同じように遺伝子がそれぞれにすべて組み込まれています。

　また、こうした菌たちは体の中に糖やタンパク質（アミノ酸）などの栄養源を入れて、それを分解してエネルギーをつくっています。エネルギーをつくらなければ、死んでしまうからです。さらに子孫までつくる。そういうことを考えると、すごいですよね。宇宙などのマクロの世界については、たとえば土星から写真を撮ってくることができるようになっ

ていますが、ミクロの世界についてはいまだにほとんど分かっていません。しかし微生物はすさまじい超能力の持ち主です。

　私がいたのは超能力微生物を研究する教室です。今、私たちが一番すごい菌だと思っているのは、113度の温度で死なない菌です。人間なら100度の沸とうした湯に手を入れただけで、やけどをしてしまうでしょう。やけどをするということは、医学的には、タンパク質が変性することを意味するわけですが、その微生物にはそういうことがありません。たとえば、ナポリの海底火山周辺の113度の熱湯には、サーモフィルス菌というバクテリアがうようよいます。しかし、なぜタンパク変性しないのか、いまだにわかっていません。その反対に、南極に不凍湖があるのですが、そのマイナス74度のところでも細胞が凍らない微生物もいます。これもわからない。そういうとても不思議な世界が微生物の世界です。

　ヨーグルトをつくる菌である乳酸菌も、納豆菌と同じぐらい小さいし、お酢を作る菌である酢酸菌はソーセージのような形をしていますが、これもそれらと同じく小さい。

　ここまでに挙げたカビ、酵母、乳酸菌や酢酸菌、納豆菌といった菌群が善玉菌の代表になります。

4．発酵食品の特徴——腐りにくくなる

　たとえば穀物なら、米や麦、豆などに微生物が繁殖して、人間のためにおいしいものをつくってくれる——これが発酵食品です。発酵食品として、ここまでの講義のなかに、納豆やヨーグルト、パン、チーズ、味噌、しょうゆが出てきましたが、ほかに、お酒もすべて発酵嗜好品です。意外かもしれませんが、カビの一種であるカツオ節菌を使ったかつお節も発酵食品です。

　日本でもっとも多い発酵食品は何だと思いますか。漬物です。私は『漬け物大全』（平凡社新書、2000年）を書きましたが、原料別、仕込み

方別、あるいは地域別に調べてみると、日本には約3,000種類の漬物が分化していると言われています。日本という国は、発酵食品の王国といってもいいほどです。
　さて、発酵食品にはどんな特徴があるのでしょうか。
　昔は冷蔵庫がありませんでした。冷蔵庫がないと、食べ物はすぐに腐ってしまいます。腐らせないために、たとえば、まず太陽の日に当てて、干して、水分を取ってしまう。日に当てて干すと、もう微生物はそこで生きることができません。生のイカは一晩で腐りますが、干したスルメは永く腐りません。空気中の腐敗菌がスルメに寄ってきたとしても、スルメの方が乾燥しているのでスルメが、菌の細胞膜を通していろいろな生体機能物質を吸い取ってしまうため、微生物は活動できなくなるのです。乾燥するのが防腐の最初の手段です。
　または塩漬けにしてしまう。塩に漬けると腐りません。ただ、しょっぱくて食べられないというデメリットがあります。あるいは煙でいぶして燻製にすると、いくらかは保存できるようになります。そのほかに、灰をまぶしたり、柿の葉ずしや笹団子のように葉っぱに包んだりすることによってもいくぶんかは保存できます。
　しかし、人間が考えついた最大に都合のいい保存方法が発酵です。発酵すると、とても腐りにくくなる。
　たとえば牛乳を外に置いておいたら、すぐに腐ってしまいますが、牛乳に乳酸菌を入れると、ヨーグルトになって腐りにくくなります。私はトルコの山中のクルド人集落で、今から170年前につくられたヤギのチーズに出会いました。かちかちに固いのですが、ぽんと石で割って食べてみると、ちゃんとしたチーズでした。発酵したものは、長い間腐りません。また、煮たままの大豆はすぐに腐ってしまうが、それに納豆菌を加えて納豆にすると、長持ちするのです。
　NHK BSで放送された『素晴らしき地球の旅』（1997年2月23日放映）

という番組で、発酵食品のルーツを訪ねたことがありました。中国の雲南省や広西チアン族の人たちを訪れたときに、40年物の鯉の熟鮓を見ました。40年間発酵させて、まったく腐っていません。これを薄く切って食べると、硬質のチーズとほぼ変わらない。牛がいなくて乳の取れないところでは、チーズを作る乳酸菌で魚を発酵させて、チーズと同じものを作ってきたのです。

　日本の発酵食品にもサンマの熟鮓の30年ものがあります。ご飯と一緒に発酵させているもので、これもとてもおいしい。和歌山県新宮市でつくられている、薬壺に入った30年物のサンマのなれずしがそれです。サンマを適当に切って、ご飯と塩と一緒にして30年間発酵させたものが、壺のなかに入っている。サンマの皮も骨も内臓もご飯粒もすべてとけてしまって、べとべとになっています。これをスプーンですくってぺろぺろとなめて食べるわけです。目を閉じたまま食べさせて、「今、何を食べたと思う？」と聞くと、おそらく100人中100人がヨーグルトだと言うでしょう。サンマを30年も発酵させると、ほとんどヨーグルトと変わらなくなるのですね。そして30年間も保存できるのです。

● メコン川の発酵食品

　私の発酵の研究のひとつはメコン川にもありましたから、よく行きました。メコン川は大量の魚が取れるところで、10km^{2}における漁獲量たるや、アマゾンの10倍だといわれています。アマゾン川には丘陵があまりないため、大潮のポロロッカ（潮の干満によって起こるアマゾン川を逆流する潮流）のときには、奥地の内陸部まで海の水が逆流していくほどで、ナマズやピラルクー、ピラニアなどいっぱいいますが、メコンより少ない。

　一方、メコン川は大きな川で、チベットを源流とし、さらにカンボジアやラオス、ミャンマー、ベトナム、タイの山々を流れる際、無数といっていいぐらいの支流が流れ込んできています。毎日夕方、スコールが

来ると、そうした山々からメコン川に濁流が流れ込みます。そのなかに含まれた山の虫などがメコンにいる魚のえさになる。だからメコンの淡水魚は世界で一番大きく、180kgもある魚がとれます。発展途上国の特に地方ですから、今もメコン流域には冷蔵庫のある家はそれほど多くありません。だから魚を発酵して貯蔵しなければならないので、こういう大きな魚まで貯蔵している。メコンのナマズの中には何と300キロ近い体重のものもいます。

　メコンの魚は小さくても大きくても、ほとんど発酵させて貯蔵しています。大きい魚はぶつ切りにして、発酵させる。そのときに加えるのがぬか（糠）と塩です。メコン川流域は米の穀倉地帯なので、日本と同じように米食で、米は必ず脱穀してぬかを取ります。そのぬかに塩を加えて発酵させる。だから長持ちするし、おいしい。

　メコンの有名な発酵食品というと、メコンで取れる魚のはらわただけを発酵させた塩辛があります。ねちゃねちゃしているのですが、口のなかに入れると溶けてしまって、液体のようになり、ごくんと飲める不思議な食べ物です。ほとんど発酵して、内臓もみんな食べてしまいます。

　メコン川流域がどうしてこれほどまでの一大発酵地帯になったかというと、塩という要因があります。発酵食品を作るときには、塩がなければなりません。味を付けるうえでも塩は必要ですし、塩があると腐敗菌も抑えられます。メコンの塩はどこから来ると思いますか？　メコン川はものすごく長いので、海から遡って持ってくるわけにはいきません。塩はメコン川を下ってくるのです。皆さんは、塩は海から来るものだと思っているかもしれませんが、そうとは限らないのですよ。

　メコンの北方にある中国やモンゴルには塩湖がたくさんあります。そこから、近くのメコン川あるいはその支流まで塩を運んできて、船で下流の各地域に運んで来る。こういう地の利があったために、メコンでは発酵食品が発達しました。

5．発酵食品の特徴——におい

　二番目の発酵食品の特徴は、とてもにおいや味が特異的であることがあります。

　発酵食品をつくる微生物は、さまざまなにおいをつくります。いいにおいもつくれば、特徴のあるにおいもつくる。たとえば煮た大豆はくさくありませんが、納豆菌が増殖して納豆になると、独特のにおいを放ちます。牛乳自体にはそれほどきついにおいはありませんが、チーズにしたところで、すごいにおいがでてきます。鮒ずしにしろ、鯖ずしやくさやにしてもにおいがきつい。これが発酵食品の大きな特徴のひとつです。臭い発酵食品ランキング（図5）があるので、ご覧ください。

●シュールストレミング

　一番くさい発酵食品といえば何でしょう。以前、東京工業大学理学部江原研究室と共同で、マルチチャンネルを使ってにおいのセンサーをつ

臭みの強さを測る機械の測定結果。数字が大きいほど臭い▼

順位	食品名	アラバスター単位（Au）
1	開缶直後のシュール・ストレンミング（スウェーデンのニシンの缶詰）	8,070
2	ホンオ・フェ（韓国のエイ料理）	6,230
3	エピキュアーチーズ（ニュージーランドの缶詰チーズ）	1,870
4	キビヤック（カナディアン・イヌイットが食べる海ツバメの発酵食品）	1,370
5	焼きたてのくさや	1,267
6	ふなずし	486
7	納豆	452
8	焼く前のくさや	447
9	たくあんの古漬け	430
10	臭豆腐（中国の発酵食品）	420

図5　臭い発酵食品ランキング

くり、すべてのにおいをセンサーでつかまえて数値化した数字が、臭い発酵食品ランキングにある「アラバスター単位」です。

このランキングの第1位はスウェーデンのシュールストレミングです。これはくさい。あまりのくささのために「地獄の缶詰」といわれています。どうしてこれほどまでにくさいのか。シュールストレミングの原料はニシンです。そのニシンを一度、桶のなかで発酵させます。発酵が最も旺盛になり、炭酸ガスが猛烈に出てきたときに、大きな缶詰のなかに入れて、ふたをして製缶してしまう。だから、缶詰のなかでさらに発酵する。

通常、缶詰の製造過程では、なかにものを詰めると、高温度で殺菌して、なかの菌をすべて殺してしまいます。そのため、缶詰を開けるまで、半永久的になかのものは腐りません。ところがこのシュールストレミングの場合は、まったく殺菌しません。ずっと長い間発酵しているので、炭酸ガスが缶詰のなかに充満しているのです。だからシュールストレミングの缶詰のふたは少し膨らんで、いびつになっている。爆発する直前ぐらいまで炭酸ガスが充満しているので、シュールストレミングの缶詰はスウェーデンから日本に持ってくるときは大いに注意を要します。飛行機のなかで爆発したら、お客さんたち全員がとんでもないくさい思いをしなければなりませんからね。

わたしは友だちのところでこの缶詰を開けて、中身を頭からかぶってしまったことがあります。その後3日間、猛烈なにおいが取れませんでした。毎年夏にスウェーデンのストックホルム旧市街でシュールストレミング祭りをやっています。どんな味がするかというと、すごくくさい塩辛に炭酸水を加えて発酵させたような感じです。スウェーデンの人たちはこれをパンに挟んで食べます。男の人も女の人も、喜んでぱくぱく食べています。でも、本当にくさいので、この手のにおいに弱い人にとっては地獄の缶詰です。

シュールストレミングの缶詰には開缶する時にいくつか注意書きがついています。まず、開ける前にガス圧をあらかじめ下げなさい、そのためには冷凍庫にしばらく入れて、ガス圧を下げろとあります。2番目の注意は、家のなかでは絶対に開けるな。3番目は、開ける人は汚れてもいいような、いらない衣服などを身につけろ。4番目は風下に人がいないことを確かめろ、という注意書きが書いてあります。なお、この地獄の缶詰のように、空気を遮断して発酵させると、発酵菌は異常発酵を起して強烈なくさい成分をつくるのです。

●ホンオ・フエ

　臭い発酵食品ランキングの第2位はホンオ・フエです。『中国怪食紀行』（光文社、知恵の森文庫、2003年）という私が書いた本にも写真を掲載していますが、ホンオ・フエとはエイです。象の顔みたいな大きなエイを発酵させた韓国の食品で、お刺身にして食べます。アンモニアの刺激臭があり、刺身を口のなかに入れたまま深呼吸すると、100人中98人は気絶しそうになり、2人は死亡寸前になると言われるほど、猛烈なにおいです。医学部の学生さんならお分かりだと思いますが、人が亡くなっていくとき、アンモニアで昏睡していくという話を石井名誉教授から話を聞いたことがあります。アンモニアには昏睡を引き起こす性質があり、そのまま意識を失ってしまうこともあります。そのため、日本ではアンモニアの痕跡がある食品は食品衛生上、売ってはいけないことになっている。それが韓国ではOKです。私は、シュールストレミングは食べられますが、このホンオ・フエを食べるのは命をかけなければいけません。これはほとんどアンモニアと硫化水素なので、危ない。実際、韓国ではこれを食べて毎年何人もの方が亡くなっています。

　特に全羅南道新安郡にある黒山島（フクサンド）島では、このホンオ・フエを食べていますが、韓国ではこれを冠婚葬祭に必ず出します。エイの発酵した食べ物であるホンオ・フエは値段が高いので、ホンオ・

フエのお刺身がたくさん出れば出るほど、その家の格が高くなる。そしてこれを食べながら、出席者全員がアンモニアのため涙が出るわけです。私も世界中を歩いて、いろいろなものを食べてきましたが、催涙性の食べ物はこれだけでした。さらに刺身を噛んでいると、口が熱くなる。アンモニア（NH_3）が唾液の水分と反応して、水酸化アンモニウム（NH_4OH）になるからでしょう。そのときの反応熱が出て、熱くなる。そのぐらいすごい。

● キビヤック

　ランキングの第4位はキビヤックです。キビヤックとはカナディアン・イヌイットが食べるウミツバメの発酵食品です。

　私はカナディアン・イヌイットを4度訪れていますが、彼らは300kgもあるアザラシを取り、そのおなかのなかにウミツバメ（アパリアス）を詰め込みます。以前はウミツバメを網で取っていたのですが、今は散弾銃で取っておく。そして、解体して肉や油を取ったアザラシの腹に、250－300羽のウミツバメを詰め込みます。その腹をたこ糸で縫って、地面に掘った大きな穴に放り込み、上から土をかぶせて3年おくのです。

　アラスカですから、食べ物が発酵する夏は1年間に6－8月の3か月しかありません。それで3年間、つまり9か月間発酵すると、食べられるようになります。腹から取り出し、羽根がついているどろどろのままを食べるのです。これが、とんでもないぐらいくさい。みなさんもこのにおいはおそらく好きではないと思います。銀杏を踏みつぶしたような、人間のうんちにくさやのつけ汁をかけたような、すごいにおいです。恐ろしいぐらい陰湿なにおいですね。私の『発酵食品礼讃』（文春新書、1999年）に冒険家の植村直己さんが、左手にウミツバメを摑んで食べようとしている写真を載せましたが、植村さんはこれが大好物でばんばん食べる。すごいですね。

　発酵食品はとてもくさい。しかし、くさいだけではありません。いい

においだって出すことがあります。たとえば日本酒の吟醸酒はメロンの香りを思わすフルーティーなにおいがするし、パンだって食欲をそそるいいにおいがします。

6. 発酵食品の特徴——おいしい

　発酵食品は、においだけではなく、おいしい味、うまみもつくります。どんなものをつくるのでしょうか。

●かつお節

　かつお節も発酵食品です。かつお節って発酵食品ですか？　とお思いになる方もいらっしゃるかもしれません。よく見てもらうと、かつお節の表面の部分は色がやや黄みがかっていることがわかると思います。あれはかつお節菌の繁殖した跡で、麹カビの一種です。かつお節は世界一堅い食べ物です。これ以上堅い食べ物はありません。私が以前勤めていた東京農業大学にある木材工学研究室の材木の堅さを測る機械でかつお節の堅さを計ってもらったことがあります。1 cm^{2}にかかる力の反発力で計るのですが、結果は圧倒的にかつお節が堅く、それ以上のものはありませんでした。

　かつお節はどうしてこれほど堅いのでしょうか。カツオは、たたきにしたり、刺身にしたりして食べるほど、軟らかい。ところが、かつお節になると、齧れと言われてもとても齧れないから、かつお節削り機で削ります。これは、かつお節菌がカツオの水分を吸ってしまうからで、ぎゅっと凝縮してしまい、堅くなるのです。また、かつお節菌はおいしいイノシン酸もたくさん作ってくれるため、だしが取れる。

　ただ堅いわけではありません。かつお節でだしを取ったときに、油が浮いてこないでしょう。それは、かつお節菌が増殖する際に、脂肪を分解するリパーゼという酵素をカツオのなかに入れていき、カツオの脂肪を分解していくからです。日本の昆布とシイタケとかつお節は、だしを

取っても油脂が絶対に浮かないところが、和食の素晴らしいところでもあります。豚足や鶏ガラ、オックステールなどでとる外国のだしでは、最初は脂肪が浮くので、取っていく。日本の場合はそうしなくてよくて、非常に繊細な味に仕上がる。そういうこともこの発酵によってできるわけですから、発酵の力はすごいと言えます。

本枯節と呼ばれるかつお節は3、4回以上カビを生やしてつくるもので、最上級のかつお節と呼ばれています。

●火腿

もっと面白いものがあります。図6は、中国浙江省の山のなかでつくっている豚の発酵食品です。中国ではカツオを加工する技術が昔からなく、豚を使ってかつお節と同じものを作っています。フォイテェイ（火腿）という食べ物です。図6は白いところがカビが付き始めた部分で、そのうち全面カビになって出来上がります。

堅さは日本のかつお節の半分ぐらいですが、おいしい。高級品で、火

図6　フォイテェイ（火腿）

発酵食品の神秘　291

腿を料理に使えるのは香港の大金持ちです。つくられた火腿の大半は香港に行ってしまう。一本一本に名前や番号が書いてあるほど、高価です。

　火腿を薄く削って、鍋に入れて煮ると、鍋のスープが猛烈にいいにおいになります。そしてそのスープはすごくいい味がする。ところがスープを取った後も、まだその火腿にはおいしい味が残っているので、それを今度はいためたりして料理にするわけです。

●発酵唐辛子

　日本には、新潟県にかんずりという唐辛子と米こうじを使って発酵したものがあるだけで、ほかには発酵唐辛子はほとんどありませんが、ミャンマーの山のなかで発酵した唐辛子を見つけました。唐辛子が発酵すると、辛味のカプサイシンがマイルドになって、とてもおいしくなります。

　発酵唐辛子の時代がいずれ来るのではないだろうかと思っていたら、中国にも激辛、中辛、普通の辛味と分かれている発酵唐辛子がありました。先ほどのミャンマーの発酵唐辛子は液体で発酵させ、ご飯粒やつぶせなかったさやが液体に浮いていますが、中国の発酵唐辛子は、唐辛子の固体発酵です。中国でこれをなめたら、おいしかったです。日本にない唐辛子です。

　中国の人たちは頭がよくて、もうひと工夫してあります。発酵唐辛子についていたへらでかき回すと、なかから豆腐が出て来ました。この豆腐はとてもおいしかったです。

　中国には発酵唐辛子の熟成版もあり、これを乾燥したものを、パスタや鍋料理などいろいろな料理にかけると、不思議な辛さになります。こういうものはまだ日本に来ていなくて、残念だと思います。

●世界のさまざまな発酵食品

　ラオスではメコン川の魚を大切なタンパク質源にしているため大量に捕ります。この魚に、精米したときに出るぬかと塩を入れて発酵させま

す。そして発酵したものを濾すと、魚醤になります。魚醤というのは魚のしょうゆですね。魚を発酵させて、しょうゆをつくっている。メコン川流域の特技です。

ミャンマーにはもやしを発酵させた食品もありました。これも日本にはありません。どこのスーパーに行ってみても、見当たらない。この発酵したもやしはしゃきしゃきしていて、炒めてもおいしくて、酸味があって、体にもいい。発酵したもやし、日本にもこういうのがあったらいいですね。

グルジアのトビリシの農家を訪れたら、おばさんが庭で、牛から牛乳を取っていました。その牛乳を使って、自分の家でチーズをつくります。そのチーズはどうするのかと聞いたところ、４-５日経ったところで、町に行って売るのだそうです。牛１頭を育て、それから乳をとってチーズにし、町で売る。これは完璧な６次産業ですね。発酵という技術を使うと、生き方もとても楽しくなるのだと思いました。

７．発酵食品の特徴――からだにいい

発酵食品の３つめの特徴は、からだにいいことです。

●納豆、お酢、みそ

最近あちこちの大学で、発酵食品で免疫力が高まるといった、保健的機能性の医学的研究を発表しています。それをまとめたのが『発酵食品礼讃』です。

たとえば納豆を食べると、どうしてからだにいいのでしょうか。納豆にはナットウキナーゼという酵素が含まれており、このナットウキナーゼが、細い毛細血管に血が詰まって起こる血栓を溶かしてくれます。脳溢血や心臓発作の元になる血のかたまりを、ぬるぬるした納豆の酵素が溶かしてしまうので、このナットウキナーゼは血栓症の患者さんたちの治療に使われているのです。また、納豆は栄養値が高い。必須アミノ酸

が著しく多い上に大豆に比べて、ビタミンB_2は10倍というように、発酵させると栄養価が数段高まってきます。

　からだにいい発酵食品は他にも数多くあります。お酢や発酵したお茶もそうですね。酢の健康に関する情報が、たくさん出ています。たとえば疲れが取れる、毎日一定量のお酢を体内に入れると、血中総コレステロールが低下する、糖尿病に効果がある、中性脂肪が下がるなどということがわかってきています。血圧の高い人が毎日お酢を少しずつ飲むと平常血圧に戻るのは、アンギオテンシン変換阻害酵素が含まれているからだということも発見されました。

　そして今、最も注目されているのはみそ汁です。みその保健的機能性はすごいのです。たとえば体内被ばくして、放射性線量が高い人におみそ汁を飲ませると、免疫が高くなって、線量がぐっと下がってきます。広島大学の放射線学総合研究所の渡邊敦光さんが発表して、大きな注目を浴びています。このように発酵食品が免疫を高めることなどが今、次々にわかってきています。

●甘酒

　江戸の町では夏に甘酒売りが出回っていました。甘酒は、炊いたご飯に米麴を混ぜて、そこにお湯を加えて、一晩暖かいところに置いたものです。翌日になると甘くなっています。どうして甘くなるかというと、米のでんぷんが麴菌の糖化酵素によって分解されてブドウ糖になるからです。この甘酒には、ビタミンB_1、B_2、B_6、パントテン酸、イノシトール、ビチオンなど、われわれが1日に必要とするビタミンがすべて含まれています。それは、麴菌がそれらの成分をつくり、甘酒に溶け出してくるからです。

　米麴は蒸したお米に麴菌をつけて増殖させます。お米の表面にたくさんあるタンパク質は麴菌のタンパク質分解酵素によって分解されて、アミノ酸になってしまう。つまりよく考えてみると、甘酒とは、ブドウ糖

の溶液と総合ビタミン溶液と総合アミノ酸溶液なのです。現代の医学に照らし合わせてごらんなさい。これは点滴です。たとえば手術後に何も食べられない人が1か月入院している時に、点滴を打ちますよね。この点滴は、ブドウ糖溶液とビタミン溶液とアミノ酸溶液でできています。甘酒と全く同じです。だから江戸時代の甘酒売りは点滴売りだと私は言っているのです。

しかも、江戸京阪では夏になると甘酒屋が町に出てきます。私は俳句をやるのですが、甘酒の季語は今でも夏です。どうして甘酒が夏なのかというと、江戸時代には夏の死亡率が最も高かったからです。夏になると、町に点滴売りが来るわけです。1杯の甘酒は体の弱い人には効いたでしょうね。

● 豚の脂

動物の豚の脂（あぶら）を、植物の油に変える微生物が見つかったという論文を学会に発表しました。これはデュサツラーゼという不飽和化酵素のためです。本来、豚の脂も牛の脂も飽和脂肪酸のため、常温のときは固まっています。ところが、飽和脂肪酸を不飽和脂肪酸にするデュサツラーゼという酵素を私たち超能力微生物の教室で発見しました。この菌を培養して豚の脂に塗ると、豚の脂が常温で溶けてきます。これは将来畜産産業や医事産業に応用されることになるでしょう。

がんを治す発酵微生物の研究も進めています。3,000種類ほどのなかから有効な菌をたくさん取り出しました。これは簡単にそのあたりにいる菌ではありません。この菌を培養して特殊な区画を取り出しておきます。そして、モルモットにがん細胞を入れる。先ほどの、がん細胞を退治する物質をつくるだろうと特定した菌を取り出して、その培養液を精製しモルモットに投与すると、驚くべきことにがん細胞がきれいに消えていました。このように、特殊な微生物の培養液でがん細胞をなくす可能性が出てきたのです。

●アケビのなれずし

　みなさんは山に自生するあけびという果物を見たことがあるでしょうか。今では誰も取らなくなったので、山にはアケビがたくさんなっています。秋田県の山里に住む人たちは、アケビを取るときに、同じくたくさんなっている野生の山ぶどうもたくさん取ってきます。まず、アケビの種を取り除き、つぶしたヤマブドウと、炊いた飯を混ぜてアケビの皮の中に詰めます。それをおけに詰めて、その上に重しを乗せて2、3か月漬けます。このアケビのなれずしがビタミンの固まりであり、冬の東北の山村に住む人たちにビタミンを供給していることが分かりました。

　先ほど、イヌイットの人たちがアザラシのおなかのなかにウミツバメを詰めてつくるキビヤックの話をしましたが、どうしてあんなものを作っているかというと、イヌイットの人たちはビタミンが取れないからです。永久凍土だから、畑ができない。畑ができなければ、野菜はとれません。ビタミンは自分の体内で生成できませんから、ほかの生き物から取らなければなりません。

　熱をかけるとビタミンは死活するおそれがあるので、イヌイットの人たちはほとんど生肉を食っていたわけです。そのイヌイットの人たちは発酵したウミツバメを食べることによって、ビタミンの補給ができるわけです。彼らもやはり発酵に頼っている。

●チョウザメ

　グルジアで私が出会った感動的な発酵食品を2つ紹介したいと思います。

　まずチョウザメです。大きなチョウザメのおなかからキャビアを取り出し、その後のチョウザメの肉を発酵させるのです。チョウザメの肉自体は大味なので、それほどおいしくないのですが、発酵させるとおいしくなるので、それを食品にして売っています。発酵させると酸味もついて、本当においしい。発酵は天然の調味料なのです。

●チーズの塩辛

　グルジアではチーズの塩辛にも出会いました。これは叫びたいほどおいしかった。堅いチーズを白ワインのなかに入れ、さらに秘伝の塩などいろいろなものを加えて半年おいておきます。すると、このチーズが軟らかくなり、それを崩さないようにしてふた付きの器に入れて、それをなめながらワインを飲む。チーズの塩辛は私ははじめての経験でした。

8．次に来るのはFT革命

　最後にFT革命の話をしましょう。

　FT革命を今、世界に向けて私は提唱しています。産業革命、蒸気革命、石油革命、自動車革命、原子力革命、IT革命。われわれはさまざまな革命を経てきているわけですが、これから来る次の革命はFT革命だと、私は言っています。Fというのはファーメンテーション（発酵）です。Tはテクノロジー。つまりこれからは発酵テクノロジー革命です。地球にやさしくて、人間にやさしい革命です。

　FT革命には4つの柱があります。ひとつは、難病を発酵菌で治す。たとえばがんをすぐに治してしまう特効薬の開発。その研究もすでに始まっています。またBSE（俗にいう狂牛病）やエイズなどさまざまな病気に対する治療薬も発酵でつくられると思います。微生物はそのような遺伝子を持っている。その性質をうまく使えば、きっと可能だと思います。

　2つめは発酵によって地球の環境を浄化する革命です。すでに私たちは、世界で一番大きな生ゴミの処理の発酵槽を福島県につくりました。長さ200mの巨大なもので入口に生ゴミを入れると、200メートル先の反対側から真っ黒い肥沃な土が出てきます。微生物で生ゴミを全部土にしてしまうのです。この土を山に戻す。すると山が豊かになったら、下の田んぼや畑、川、海まで豊かになるはずです。これならお金がかかりま

せん。大量な燃料をつかって生ゴミを燃やす今の方法は地球を温暖化にしているだけです。

　３番目は、人間の食糧を発酵でつくる試みです。微生物の体内のタンパク質をうまく発酵させると、豆や麦のグルテンから肉ができるのです。これからはもうそういう時代になってきます。

　４番目は、発酵でエネルギーをつくります。これはもうすでに始まっていて、バイオマスはもちろんそうですしメタン発酵もその例で、今は水素発酵もあります。水素細菌によって水から水素をつくるのです。人間の健康問題、環境問題、食糧問題、そして新しいエネルギーの創造を４つの柱としたFT革命に、今、私は一生懸命取り組んでいるところです。

編者　赤江雄一（あかえ　ゆういち）
慶應義塾大学文学部准教授。1971年生まれ。リーズ大学大学院博士課程（Ph.D.）。専門は西洋中世史（宗教史・文化史）。共著に『知のミクロコスモス─中世・ルネサンスのインテレクチュアル・ヒストリー』（中央公論新社、2014年）、『はじめて学ぶイギリスの歴史と文化』（ミネルヴァ書房、2012年）などがある。

食べる
──生命の教養学12

2017年7月31日　初版第1刷発行

編者─────慶應義塾大学教養研究センター・赤江雄一
発行者────古屋正博
発行所────慶應義塾大学出版会株式会社
　　　　　　〒108-8346　東京都港区三田2-19-30
　　　　　　TEL〔編集部〕03-3451-0931
　　　　　　　　〔営業部〕03-3451-3584〈ご注文〉
　　　　　　　　　〃　　 03-3451-6926
　　　　　　FAX〔営業部〕03-3451-3122
　　　　　　振替　00190-8-155497
　　　　　　URL http://www.keio-up.co.jp/
装丁─────斎田啓子
組版─────ステラ
印刷・製本──株式会社太平印刷社

©2017 Yuichi Akae, Natsu Shimamura, Norihisa Yamashita, Toshio Katsukawa, Shinichi Shogenji, Shunichi Ikegami, Rima Higa, Michiko Yamamoto, Keiko Daidoji, Fuminori Katsukawa, Kazuyuki Noguchi, Takeo Koizumi
Printed in Japan　ISBN978-4-7664-2432-4

慶應義塾大学出版会

慶應義塾大学教養研究センター 極東証券寄附講座 生命の教養学

生命の教養学へ ―科学・感性・歴史

慶應義塾大学教養研究センター編　「教養」に基づく領域横断的な新しい「生命」観の確立を目指す書。遺伝子、臓器移植、脳死、感染症、犯罪心理学、身体論といったジャンル横断的な切り口から、複雑な現代生命を捉えるために必要な知識を身に付ける一冊。　　　　　　　　　　　　　　　◎2,400円

生命の教養学 ―ぼくらはみんな進化する?

慶應義塾大学教養研究センター編　文理融合・領域横断的なアプローチで「進化」を論ずる。生命科学領域の研究者が「性」「免疫」をテーマに生命進化を論じ、歴史・科学史・文学の研究者が「進化論」を考察する。　　　　　　　　　◎2,400円

生命と自己 ―生命の教養学Ⅱ

慶應義塾大学教養研究センター編　今、「自分」が、「生きている」、とは？ 医学、認知科学、天文学、生物学、遺伝学、システム論、精神分析から宗教、文学、アートに至るまで、養老孟司、斎藤環、池内了等の個性溢れる論者が集結。
　　　　　　　　　　　　　　　　　　　　　　◎2,400円

生命を見る・観る・診る ―生命の教養学Ⅲ

慶應義塾大学教養研究センター編　生命をどう捉えるか?」の問題に対して、「見る」「観る」「診る」という3つの「みる」をキーワードとして設定し、第一線で活躍する論者を迎え、生物学、環境学、物理学、心理学、文学、医学などさまざまな立場から考察する。　　　　　　　　　　　◎2,400円

表示価格は刊行時の本体価格(税別)です。

慶應義塾大学出版会

慶應義塾大学教養研究センター 極東証券寄附講座 生命の教養学

誕生と死 —生命の教養学IV

慶應義塾大学教養研究センター編　「誕生」そして「死」——この二つの出来事について、私たちは何を考えられるのか。医学、薬学、文化人類学、歴史学、生物学、宗教学、文学、体育学など多彩な分野の講師が展開する、「生」の境界への射程。　◎2,400円

生き延びること —生命の教養学V

慶應義塾大学教養研究センター編　慶應義塾大学教養研究センター・高桑和巳編「生死の先にあるもの」としての「生き延び」「サバイバル」に焦点を当てた論集。遺体科学、政治思想、医療人類学、労働の現場など多彩な切り口で、「生き延び」についての視座を提供する。　◎2,400円

「ゆとり」と生命をめぐって —生命の教養学VI

慶應義塾大学教養研究センター・鈴木晃仁編　「ゆとり」は生命に何をもたらすのか？　「ゆとり」と「むだ」の違いは？　「ゆとり」を取り巻くさまざま疑問に、人類学、環境学、数学、心理学から現代アート、ロボット工学まで多彩な視点から考察。　◎2,400円

【対話】異形 —生命の教養学VII

鈴木晃仁編／小松和彦・上野直人著　「『異形』をめぐる文系と理系の対話」をテーマに、文系から妖怪研究で著名な文化人類学者・小松和彦氏、理系から発生生物学者・上野直人氏を招いて開催された集中講義を書籍化。　◎2,400円

表示価格は刊行時の本体価格（税別）です。

慶應義塾大学出版会

慶應義塾大学教養研究センター 極東証券寄附講座 生命の教養学

【対話】共生—生命の教養学Ⅷ

鈴木晃仁 編／深津武馬・市野川容孝著　その関係は、共生？ 寄生？ それとも平等？ 生物学の深津武馬氏、社会学の市野川容孝氏の二人の気鋭の学者が、「共生とは何か？」を、「進化」や「淘汰」とも絡めつつ問い直す、刺激に満ちた集中講義の書籍化。　◎2,400円

成長—生命の教養学Ⅸ

高桑和巳編　慶科学史、教育学、教育心理学、経済史、社会学、経営学、スポーツコーチ学、発生学、地球システム学、進化生物学の専門家が「成長」を語ることで現れる三次元的「成長のホログラフィ」を提示する。　◎2,400円

新生—生命の教養学Ⅹ

高桑和巳編　「生命」の「あらたま」を探し求めて脳科学、発生生物学、分子生物学、生態学、書物史、哲学、日本政治思想史、アメリカ研究、マーケティング、経営情報システム研究の専門家が「新生」を語る。　◎2,400円

性—生命の教養学 11

高桑和巳編　すべてのひとが「当事者」である性の問題。セックス／セクシュアリティ／ジェンダーの区別および相互浸透のありさまを段階的に捉える「性の手ほどき」。　◎2,400円

表示価格は刊行時の本体価格（税別）です。